U0192807

超市食品安全基础管理操作指南及培训教材

宁波市市场监督管理局 / 编著

中国法制出版社
CHINA LEGAL PUBLISHING HOUSE

编委会

主　编：金　珊

副主编：陈元刚

编　委：（按姓氏笔画）

王盼盼　孔莹莹　李　超　杨　荣

邱晓波　沈建军　沈　虹　宋建明

陈　浩　金　琳　康迎军

社会共治视角下的食品安全自查规范之探索

食品安全问题是一个全球性问题。基于食品安全治理的复杂性，各国纷纷将社会共治理论引入食品安全治理工作，由政府单一主体治理转向多元主体合作治理。通过鼓励食品企业主动承担食品安全治理的社会责任，提高企业自我管理能力，推进企业诚信自律体系建设；通过培育发展独立的专业社会组织，提供政府治理和企业自律的技术支持，缓解监管资源的有限性与监管对象的无限性之间的突出矛盾；通过增强公众主体意识、维权意识与风险意识，健全投诉举报渠道，加强对政府治理和企业管理的监督与约束。社会共治推动全民参与、合理分工、高效治理，促进整个行业良性循环，实现整个社会利益共赢。

近年来，我国食品安全社会共治方面的法律法规、政策制度、理论研究等逐步完善，食品安全治理绩效水平不断提升。但在实际工作中仍存在共治理论认识不够深入、协同治理机制不完善等不足之处，特别是在多元主体间的协同合作方面，还没有更好的联结各利益主体的桥梁纽带。

企业自律是食品安全社会共治的决定力量，企业规范管理则是食品质量安全的稳定保障。本书以"食品安全自查规范"为切入口，整合了食品安全相关法律法规、国家标准、政策文件等要求，编写了相对统一规范的"超市食品安全基础管理操作指南"及培训教材，是超市落实食品安全自查很好的参考用书。意义在于：

其一，增强了食品安全自查规范的合理性。本书"超市食品安全基础管理操作指南"是根据超市业态自有的特点"量身定做"的一套自查规范，不仅关注风险的预防控制，还兼顾业态的发展水平以及公众的安全期待，很好地综合了超市各方面食品安全管理的规范化要求。本书从2019年开始编写，编委由食品安全监管干部和第三方技术专家组成，并邀请食品行业协会、大中型商场超市等社会各界多次参与讨论。在充分调研、收集资料和征求意见基础上，经过近三年的努力，完成现版本。本书编写过程中社会各界参与度较高，认同感较强，编定的自查规范既成为社会各界愿意共同遵循的行业规则，也成为联结各利益主体的法制基础。

其二，促进了食品安全检查主体的多元化。本书在编定"超市食品安全基础管理操作指南"的基础上，还配套了自查表单、自查报告、培训教材、常见问题、规范管理体系以及附录的制度指引、记录表、考试题库等，建立完善了超市食品安全自查规范体系。本书深入浅出、简明扼要、图文并茂、通俗易懂，是超市食品安全管理"零基础"的入门教材。政府检查，可弥补监管人员专业短板；企业培训，可增强从业人员操作规范；第三方审验，可快速融合监管规则要求；公众学习，可提高食品安全维权水平。特别在督促超市建立并实施"食品安全自查规范"方面，形成多层级的检查网络，共同推动超市食品安全主体责任落实。

其三，探索了食品安全社会共治的新路径。食品安全的实现有赖于社会各界的积极参与和监督。自查规范能落到实处而不是流于形式，关键就是规则公开化。"食品安全自查规范"信息透明，既是对政府监管人员的监督，也是对食品企业的制约，媒体、消费者等是外在的强大的共治团体。简而言之，食品安全社会共治的新路径，就是要创造一个人人参与、政企协同、社会共享的信息场域，不断提高食品安全共同治理的广度与深度。

本书着眼于业态相对比较复杂的超市领域，"超市食品安全基础管理操作指南"分为概述、基础管理、过程管理、自查评估四部分内容，涵盖了食品安全资质证照、制度管理、记录管理、从业人员管理、场所布局及设备设施管理、容器工用具和废弃物管理、采购验收管理、销售环节管理、贮存环节管理、现场加工环节管理、召回环节管理、销毁环节管理、禁止性要求、自查管理等十四项要求。本书编定的"食品安全自查规范",同样适用于食品流通领域其他主体类型以及餐饮服务的相关环节,具有适用性广的特点。为更好地帮助读者学习理解培训教材内容,本书还配套录制了教学视频,教学视频共分为 11 个章节,每个章节 5~7 分钟,读者可扫描二维码选择感兴趣的章节分别听讲。

本书编者们都在食品安全领域深耕多年,兼具食品安全理论知识和实战经验。在该书的编撰过程中,既充分研究了食品安全风险因素及其客观规律,又十分注重人的主观能动性。我们需要并鼓励这些长期坚守在食品安全工作岗位的同志不断钻研、探索,积极奉献智慧,提出更好更新的观点和思路,才能不断提升食品安全现代化治理水平,实现食品安全的协同共治和信任重建。

浙江省食品药品安全委员会办公室副主任

浙江省市场监督管理局副局长

前言

　　从农田到餐桌，食品在每一个环节都可能面临安全的风险。科学防范食品链条中每一个环节的安全风险，是确保食品安全的必然选择。超市是食品销售的主要场所，也是保障食品安全的重要一环。近年来，随着电子商务的快速发展，超市的商品结构也发生了显著变化，生鲜食品所占比重逐步上升，超市餐饮化趋势明显。围绕百姓的"一日三餐"，超市转向主营生鲜食品、熟食、现场加工食品等具有线下优势的品类。然而，跨业态、多项目的经营模式，也增加了超市的食品安全风险。食品安全是食品企业的生命线。新形势下，超市只有牢固树立"风险防控、安全保证、品质提升"的食品安全管理理念，不断完善科学、规范的食品安全管理体系，才能赢得广大消费者的信任。

　　食品安全法律法规明确了食品企业负责人、食品安全管理人员、从业人员等应履行的法律义务。"人"的食品安全行为规范是落实食品安全"企业"主体责任的关键。目前，超市在食品安全行为规范方面需要探索的问题主要有：一是决策层、管理层、执行层分别要"做什么""为什么做"以及"怎么做"；二是如何让"制度规范"成为"人的行为准则"，提高自律意识，提升自我管理能力，形成良性的食品安全管理"内循环"；三是如何将行为规范上升为管理绩效，既要守住安全底线，又要拉高品质高线，让政府部门、消费者及社会各界都能明显感受到超市的软硬件提升。

为此，我们编写了《超市食品安全基础管理操作指南及培训教材》。本书以《中华人民共和国食品安全法》《中华人民共和国食品安全法实施条例》《食品经营许可管理办法》《食用农产品市场销售质量安全监督管理办法》《食品安全国家标准 食品经营过程卫生规范》（GB 31621—2014）等法律法规规章及食品安全国家标准为主要依据，主要适用于大中型商场超市、便利店等食品经营者。

本书共分四个部分。第一部分是超市食品安全基础管理操作指南，汇总梳理超市经营食品应当遵循的行为规范，从资质管理到全过程食品安全风险管理的控制要求，并提供超市食品安全管理制度范本。第二部分是超市食品安全基础管理自查体系，主要为超市提供食品安全基础管理自查评估的要点，是基于第一部分行为规范的自查应用，并指引超市按季度、半年度和年度提交食品安全自查报告，养成定期检查—评估—整改的习惯，以有效落实食品安全自查制度。第三部分是优秀基础管理培训教材，是对第一部分行为规范在操作上的进一步细化，并辅之以操作图例，为超市从业人员培训提供指引。第四部分是常见问题及规范管理体系建设，通过反面、正面教学案例，引导超市按照 7S 导入体系，不断提升食品安全管理水平。

本书在编写过程中，得到了浙江省市场监督管理局、通标标准技术服务有限公司在业务技术方面的支持，也得到宁波市嘉迪超市有限责任公司、浙江浙海华地网络科技有限公司宁波鄞州宏泰分公司、麦德龙商业集团有限公司宁波鄞州商场等单位在实景拍摄方面的支持，在此一并表示感谢。

因编者水平及能力有限，书中的疏漏和错误之处在所难免，也敬请广大读者批评指正。

编者

2021 年 5 月于宁波

目 录

第一部分　超市食品安全基础管理操作指南

第一章　概　述 ·· **3**

第二章　基础管理 ·· **4**

　　第一节　资质证照 ··· 4

　　第二节　制度管理 ··· 4

　　第三节　记录管理 ··· 5

第三章　过程管理 ·· **5**

　　第一节　从业人员管理 ······································· 5

　　第二节　场所布局及设备设施管理 ·························· 6

　　第三节　容器、工用具和废弃物管理 ······················ 6

　　第四节　采购验收管理 ······································· 7

　　第五节　销售环节管理 ······································· 8

　　第六节　贮存环节管理 ······································· 11

　　第七节　现场加工环节管理 ································· 11

　　第八节　召回环节管理 ······································· 13

　　第九节　销毁环节管理 ······································· 14

　　第十节　禁止性要求 ··· 14

第四章　自查评估 ·· **16**

第二部分　超市食品安全基础管理自查体系

第一章　超市食品安全基础管理自查评估要点表……………………… **21**

第二章　超市食品安全自查报告…………………………………… **33**

　　第一节　超市季度食品安全自查报告…………………………… 33

　　第二节　超市半年度（年度）食品安全自查报告……………… 34

第三部分　优秀基础管理培训教材

第一章　基础管理 ………………………………………………… **39**

　　第一节　资质证照………………………………………………… 39

　　第二节　制度管理………………………………………………… 41

　　第三节　记录管理………………………………………………… 44

第二章　过程管理…………………………………………………… **45**

　　第一节　从业人员管理…………………………………………… 45

　　第二节　场所布局及设备设施管理……………………………… 49

　　第三节　容器、工用具和废弃物管理…………………………… 56

　　第四节　采购验收管理…………………………………………… 59

　　第五节　销售环节管理…………………………………………… 65

　　第六节　贮存环节管理…………………………………………… 74

　　第七节　现场加工环节管理……………………………………… 75

　　第八节　召回环节管理…………………………………………… 81

　　第九节　销毁环节管理…………………………………………… 83

　　第十节　禁止性要求……………………………………………… 83

第三章　自查评估…………………………………………………… **86**

第四部分　常见问题及规范管理体系建设

第一章　超市食品安全常见问题实例……………………………… **91**

第一节　人员管理 ⋯⋯⋯⋯⋯⋯⋯⋯⋯⋯⋯⋯⋯⋯⋯⋯⋯⋯⋯ 91

第二节　场所布局与设备设施 ⋯⋯⋯⋯⋯⋯⋯⋯⋯⋯⋯⋯⋯⋯ 92

第三节　容器、工用具和废弃物管理 ⋯⋯⋯⋯⋯⋯⋯⋯⋯⋯⋯ 93

第四节　采购验收 ⋯⋯⋯⋯⋯⋯⋯⋯⋯⋯⋯⋯⋯⋯⋯⋯⋯⋯⋯ 94

第五节　销售环节管理 ⋯⋯⋯⋯⋯⋯⋯⋯⋯⋯⋯⋯⋯⋯⋯⋯⋯ 95

第六节　贮存环节管理 ⋯⋯⋯⋯⋯⋯⋯⋯⋯⋯⋯⋯⋯⋯⋯⋯⋯ 96

第七节　现场加工环节管理 ⋯⋯⋯⋯⋯⋯⋯⋯⋯⋯⋯⋯⋯⋯⋯ 96

第二章　7S 规范管理体系导入模版 ⋯⋯⋯⋯⋯⋯⋯⋯⋯ **97**

附录1

超市食品安全管理制度指引 ⋯⋯⋯⋯⋯⋯⋯⋯⋯⋯⋯⋯⋯ **103**

附录2

主要的食品安全管理记录表 ⋯⋯⋯⋯⋯⋯⋯⋯⋯⋯⋯⋯⋯ **112**

附录3

超市食品安全基础管理指南培训考核试题 ⋯⋯⋯⋯⋯⋯ **120**

附录4

中华人民共和国食品安全法 ⋯⋯⋯⋯⋯⋯⋯⋯⋯⋯⋯⋯⋯ **139**

中华人民共和国食品安全法实施条例 ⋯⋯⋯⋯⋯⋯⋯⋯⋯ **179**

食品安全国家标准　食品经营过程卫生规范（GB 31621—2014）⋯⋯ **194**

食品安全国家标准　食品生产通用卫生规范（GB 14881—2013）⋯⋯ **200**

食品安全国家标准　肉和肉制品经营卫生规范（GB 20799—2016）⋯⋯ **218**

食品安全国家标准　餐饮服务通用卫生规范（GB 31654—2021）⋯⋯ **222**

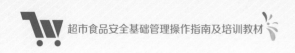

食品安全国家标准　速冻食品生产和经营卫生规范

（GB 31646—2018）·························· 244

超市购物环境（GB/T 23650—2009）·········· 251

超市销售生鲜农产品基本要求（GB/T 22502—2008）········· 260

超市现场加工食品经营规范（SB/T 10622—2011）········ 265

危害分析与关键控制点 (HACCP) 体系　食品生产企业

通用要求（GB/T 27341—2009）·········· 273

第一部分
超市食品安全基础管理操作指南

　　实践中，超市基本建有食品安全管理方面的内部制度，但由于超市的主要负责人、食品安全管理人员对食品安全相关法律法规及标准的理解不统一等原因，导致超市食品安全管理水平参差不齐。为此，本书第一部分对超市食品安全的资质证照、制度管理、从业人员管理、场地布局、设施设备、采购验收、现场加工、销售、贮存、销毁等各个环节，制定明确的标准，细化具体的内容，形成了较为规范完整的超市食品安全基础管理操作指南。

第一章　概　述

第一条（目的意义）为推动超市食品安全规范化管理，提升整个行业自我管理水平，特制定本指南。

第二条（适用范围）本指南适用于含有食品经营项目的大中型商场超市、便利店等食品经营者。

第三条（参照依据）本指南是根据《中华人民共和国食品安全法》《中华人民共和国食品安全法实施条例》《食品经营许可管理办法》《食用农产品市场销售质量安全监督管理办法》《食品安全国家标准 食品经营过程卫生规范》《餐饮服务食品安全操作规范》《浙江省食品经营许可实施细则（试行）》《浙江省市场监督管理局关于深化食品经营许可改革的实施意见》等法律法规文件，结合超市现阶段发展水平，制定的超市操作指南。

第四条（术语定义）下列术语和定义适用于本指南：

商场超市[①]：指采取柜台销售和开架销售相结合的方式销售食品，实行统一管理，分区销售，集中收款，经营方式以零售为主的一种经营形式。大型商场超市在 2000 ㎡ 以上（不含 2000 ㎡）、中型商场超市在 200 ㎡ ~ 2000 ㎡（不含 200 ㎡，含 2000 ㎡）、便利店在 200 ㎡ 以下（有统一连锁品牌）。

散装食品[②]：指无预先定量包装，需称重销售的食品，包括无包装和带非定量包装的食品。

食用农产品[③]：指在农业活动中获得的供人食用的植物、动物、微生物及其产品。农业活动，指传统的种植、养殖、采摘、捕捞等农业活动，以及设施农业、生物工程等现代农业活动。植物、动物、微生物及其产品，指在农业活

---

① 《浙江省食品经营许可实施细则（试行）》第九十条第（十）项。

② 《浙江省食品经营许可实施细则（试行）》第九十条第（二）项。

③ 《国家食品药品监管总局关于食用农产品市场销售质量安全监督管理有关问题的通知》（食药监食监二〔2016〕72 号）。

动中直接获得的，以及经过分拣、去皮、剥壳、干燥、粉碎、清洗、切割、冷冻、打蜡、分级、包装等加工，但未改变其基本自然性状和化学性质的产品。销售食用农产品可结合《超市销售生鲜农产品基本要求》（GB/T 22502—2008）执行。

现场加工食品[①]：在门店的加工区域内，对食品进行切割、腌渍、烹饪（或蒸、烤、炸、烙等）加工后，可以直接食用的食品或消费者购买后不需要清洗直接加工的食品。包括各种熟食、面包、点心、冷菜、凉菜、切割果蔬、半成品等。原料、半成品、高危易腐食品等涉及加工制作环节的术语与定义参见 2018 年版《餐饮服务食品安全操作规范》。

第二章　基础管理

第一节　资质证照

第五条（合规经营）经营者持有的营业执照、食品经营许可证合法有效。确保食品经营许可证载明的有关内容与实际经营相符。

第六条（信息公示）食品经营者应当在经营场所的显著位置公示营业执照、食品经营许可证、监督检查结果记录等信息。

第二节　制度管理

第七条（建立制度）建立健全食品安全管理制度，主要包括从业人员健康管理制度、从业人员培训管理制度、食品安全管理人员制度、食品安全自查制度、加工经营场所及设施设备清洁消毒和维修保养制度、进货查验和记录制度、食品贮存管理制度、供应商管理制度、不合格食品处置制度、不安全食品召回制度、食品安全突发事件应急处置制度、消费者投诉处置制度[②]等。

第八条（管理人员）配备专职或兼职的食品安全管理人员。明确食品安

---

① 《超市现场加工食品经营规范》（SB/T 10622—2011）。

② 《中华人民共和国食品安全法》第四十四条第一款；《浙江省食品经营许可实施细则（试行）》第三十二条，略有改动。

全责任，落实岗位责任制。[①] 大型商场超市宜设立食品安全管理机构。[②]

第九条（培训考核）食品安全管理人员应当经过培训和考核。经考核不具备食品安全管理能力的，不得上岗。主要从业人员全年接受不少于 40 小时的食品安全集中培训。[③]

第十条（禁业限制）被吊销许可证的食品经营者及其法定代表人、直接负责的主管人员和其他直接责任人员自处罚决定作出之日起五年内不得申请食品经营许可，或者从事食品经营管理工作、担任食品经营企业食品安全管理人员。

因食品安全犯罪被判处有期徒刑以上刑罚的，终身不得从事食品经营管理工作，也不得担任食品经营企业食品安全管理人员。

第三节　记录管理

第十一条（记录要求）建立与食品安全管理制度相关的记录，明确记录保存期限。[④]

对员工健康状况、员工培训情况、进货查验、冷藏（冻）库（柜）温度监控、加工操作过程关键项目、食品添加剂使用、设备维修和保养、不合格食品处置、不安全食品召回、食品安全自查等情况进行记录。记录台账宜保存 2 年以上。

第三章　过程管理

第一节　从业人员管理

第十二条（人员健康管理）从事接触直接入口食品工作的食品经营人员应当每年进行健康检查，取得健康证明后方可上岗工作。不得患有《国家卫生计生委关于印发〈有碍食品安全的疾病目录〉的通知》规定的疾病。

---

① 《中华人民共和国食品安全法》第四十四条第三款；《浙江省食品经营许可实施细则（试行）》第三十一条、第三十二条。

② 《餐饮服务食品安全操作规范》（2018 年版）第 13.1.1 条，略有改动。

③ 《国务院办公厅关于印发 2017 年食品安全重点工作安排的通知》（国办发〔2017〕28 号）。

④ 《餐饮服务食品安全操作规范》（2018 年版）第 15.1 条。

宜建立从事接触直接入口食品工作的食品经营人员健康档案。

第十三条（个人卫生规范）食品从业人员应当保持良好的个人卫生。加工或经营食品时，应当将手洗净，穿戴清洁的工作衣、帽等，必要时佩戴口罩、手套。[①]

第二节　场所布局及设备设施管理 [②]

第十四条（环境卫生）食品销售、贮存场所环境整洁，有良好的通风、排气装置，并避免日光直接照射。地面应做到硬化，平坦防滑并易于清洁消毒，并有适当措施防止积水。食品销售、贮存场所应当与生活区分（隔）开。

第十五条（空间布局）销售场所布局合理，食品销售区域和非食品销售区域分开设置。

食品贮存设专门区域，不得与有毒有害物品同库存放。

第十六条（设备设施）根据经营项目设置相应的经营设备或设施，以及相应的清洗、消毒、更衣、盥洗、采光、照明、通风、防腐、防尘、防蝇、防鼠、防虫等设备或设施。设备设施定期进行维护保养，保留相应的维护保养记录并存档。

销售有温度控制要求的食品，配备与经营品种、数量相适应的冷藏冷冻或加热等设备和设施。

第十七条（分隔措施）食品与非食品有适当的分隔措施、固定的存放位置和标识。贮存的食品应与墙壁、地面保持适当距离。

第三节　容器、工用具和废弃物管理

第十八条（容器工用具）贮存、装卸食品的容器、工具、用具和设备应当安全、无害，保持清洁，防止食品污染。

---

①《中华人民共和国食品安全法》第三十三条第（八）项；《食品安全国家标准　食品经营过程卫生规范》（GB 31621—2014）第8.3条、第8.6条，略有改动。

②《浙江省食品经营许可实施细则（试行）》第三十四条、第四十条、第四十一条、第四十三条、第四十八条；《浙江省市场监督管理局关于深化食品经营许可改革的实施意见》（浙市监食通〔2019〕4号）附件1，略有改动。

直接入口的食品应当使用无毒、清洁的包装材料和容器。①

第十九条（区分标识）加工区域及贮存场所内用于盛放原料、半成品、成品的容器和使用的工具、用具，宜有明显的区分标识，提倡采用色标管理，存放区域分开设置。②

清洁剂、消毒剂、杀虫剂等物质应分别包装，明确标识，并与食品及包装材料分区域放置。③

第二十条（清洗水池）食品原料、食品加工容器具、清洁用具的清洗水池应分开，并以明显标识标明其用途。④

第二十一条（废弃装置）废弃物存放容器应配有盖子，并有明显的区分标识。⑤

第四节　采购验收管理

第二十二条（进货查验）采购食品应查验供货者的许可证和食品出厂检验合格证或其他合格证明。

第二十三条（肉类及肉类制品）采购按照有关规定需要检疫、检验的肉类及肉类制品，应查验动物检疫合格证明、肉类检验合格证明等证明文件。⑥

第二十四条（进口食品）采购进口食品应有海关出具的入境货物检验检疫证明。⑦

第二十五条（食品农产品）采购食用农产品，应当按照规定查验相关证明材料，不符合要求的，不得采购和销售。⑧

第二十六条（查验记录）应建立食品进货查验记录制度，如实记录食品

① 《中华人民共和国食品安全法》第三十三条第（六）、（七）项。
② 《浙江省食品经营许可实施细则（试行）》第六十一条。
③ 《食品安全国家标准　食品经营过程卫生规范》（GB 31621—2014）第5.11条。
④ 《餐饮服务食品安全操作规范》（2018年版）第5.3.2条，略有改动。
⑤ 《餐饮服务食品安全操作规范》（2018年版）第11.1.1条。
⑥ 《中华人民共和国食品安全法》第三十四条第（八）项；《食用农产品市场销售质量安全监督管理办法》第十五条第二款，略有改动。
⑦ 《中华人民共和国食品安全法》第九十二条第三款。
⑧ 《食用农产品市场销售质量安全监督管理办法》第二十六条。

的名称、规格、数量、生产日期或者生产批号、保质期、进货日期以及供货者名称、地址、联系方式等内容，并保存相关凭证。记录和凭证保存期限不得少于产品保质期满后六个月，没有明确保质期的，不得少于二年。

销售者应当建立食用农产品进货查验记录制度，如实记录食用农产品名称、数量、进货日期以及供货者名称、地址、联系方式等内容，并保存相关凭证。记录和凭证保存期限不得少于6个月。

实行统一配送销售方式的食品、食用农产品销售企业，可以由企业总部统一建立进货查验记录制度；所属各销售门店应当保存总部的配送清单以及相应的合格证明文件。[①]

鼓励建立食品安全电子追溯体系，依法如实记录并保存进货查验、食品销售等信息，保证食品快速、精准溯源。[②]

第二十七条（基地审核）鼓励加强供应商基地审核，签订食品安全协议，建立供应商基地审核档案。

第五节　销售环节管理

第二十八条（标签标识）标签标识应符合法律法规、食品安全国家标准等要求。

（一）经营的预包装食品包装上应当有标签，标签、说明书应清楚、明显，生产日期、保质期等事项应显著标注，容易辨识[③]。

（二）销售散装食品，应当在散装食品的容器、外包装上标明食品的名称、生产日期或者生产批号、保质期以及生产经营者名称、地址、联系方式等内容[④]。

（三）进口预包装食品有符合《预包装食品标签通则》等标准的中文标签，

---

① 《中华人民共和国食品安全法》第五十三条第三款；《食用农产品市场销售质量安全监督管理办法》第二十六条。

② 《中华人民共和国食品安全法实施条例》第十八条，略有改动。

③ 《中华人民共和国食品安全法》第六十七条、第七十一条第二款。

④ 《中华人民共和国食品安全法》第六十八条。

标签载明食品的原产国（地区）以及代理商、进口商、经销商的名称、地址、联系方式。[①]

（四）销售食用农产品应遵循《食用农产品市场销售质量安全监督管理办法》的相关规定，应当包装或者附加标签的食用农产品，在包装或者附加标签后方可销售。包装或者标签上应当按照规定标注食用农产品名称、产地、生产者、生产日期等内容；对保质期有要求的，应当标注保质期；保质期与贮藏条件有关的，应当予以标明；有分级标准或者使用食品添加剂的，应当标明产品质量等级或者食品添加剂名称。

食用农产品标签所用文字应当使用规范的中文，标注的内容应当清楚、明显，不得含有虚假、错误或者其他误导性内容。

销售获得绿色食品、有机农产品等认证的食用农产品以及省级以上农业行政部门规定的其他需要包装销售的食用农产品应当包装，并标注相应标志和发证机构，鲜活畜、禽、水产品等除外。

销售未包装的食用农产品，应当在摊位（柜台）明显位置如实公布食用农产品名称、产地、生产者或者销售者名称或者姓名等信息。

鼓励采取附加标签、标示带、说明书等方式标明食用农产的名称、产地、生产者或者销售者名称或者姓名、保存条件以及最佳食用期等内容。

进口食用农产品的包装或者标签应当符合我国法律、行政法规的规定和食品安全国家标准的要求，并载明原产地，境内代理商的名称、地址、联系方式。

进口鲜冻肉类产品的包装应当标明产品名称、原产国（地区）、生产企业名称、地址以及企业注册号、生产批号；外包装上应当以中文标明规格、产地、目的地、生产日期、保质期、储存温度等内容。

分装销售的进口食用农产品，应当在包装上保留原进口食用农产品全部信息以及分装企业、分装时间、地点、保质期等信息。[②]

（五）保健食品的标签、说明书不得涉及疾病预防、治疗功能，内容应真

---

① 《中华人民共和国食品安全法》第九十七条。
② 《食用农产品市场销售质量安全监督管理办法》第三十二条至第三十五条。

实，载明适宜人群、不适宜人群、功效成分或者标志性成分及其含量等，并声明"本品不能代替药物"，与注册或者备案的内容相一致。[①]

（六）应按照食品标签标示的警示标志、警示说明或注意事项的要求贮存和销售食品。[②]

第二十九条（特殊食品销售）保健食品销售、特殊医学用途配方食品销售、婴幼儿配方乳粉销售、婴幼儿配方食品销售的，应当在经营场所划定专门的区域或柜台、货架摆放、销售，并分别设立提示牌，注明"×××销售专区"字样，提示牌为绿底白字，字体为黑体，字体大小可根据设立的专柜或专区的空间大小而定。

申请保健食品销售的，还应当在专柜或者专区显著位置标明"保健食品不是药物，不能代替药物治疗疾病"字样。

第三十条（保质期管理）应加强对食品保质期管理，食品保质期随着冷冻、冷藏、常温等贮存条件改变而发生变化的，应严格按照相应的贮存条件下的保质期要求销售。

第三十一条（临近保质期食品）保质期在一年以上的（含一年，下同），临近保质期为45天；保质期在半年以上不足一年的，临近保质期为30天；保质期在90天以上不足半年的，临近保质期为20天；保质期在30天以上不足90天的，临近保质期为10天；保质期在10天以上不足30天的，临近保质期为2天；保质期在10天以下的，临近保质期为1天。[③]

可与供货商自行商议临保期，但不得低于上述期限。国家有关标准允许不标明保质期的食品，不设临近保质期。

设立临近保质期食品的常温、冷藏或冷冻销售专柜，集中陈列出售临近保质期食品。

向消费者作出醒目的"临近保质期食品"提示。

---

① 《中华人民共和国食品安全法》第七十八条。
② 《中华人民共和国食品安全法》第七十二条。
③ 《浙江省食品药品监督管理局关于印发临近保质期食品管理制度（试行）的通知》（浙食药监规〔2014〕14号）第二条。

第六节　贮存环节管理

第三十二条（分隔措施和标识）生食与熟食等容易交叉污染的食品应采取适当的分隔措施，固定存放位置并明确标识。

第三十三条（先进先出）应遵循先进先出的原则，定期检查库存食品，及时处理变质或超过保质期的食品。[①]

第三十四条（冷藏冷冻库/柜卫生）冷藏冷冻库（柜）保持地面无积水，门内侧、墙壁无发霉，风机口无积灰，天花板无积霜；保持库内整洁，定时清理，避免地面积冰及污垢积压。

第三十五条（冷藏冷冻温度）冷藏冷冻设备的温度应符合食品标签上标注的贮存条件。现场加工食品涉及的原料、半成品、成品的冷藏冷冻温度参照《餐饮服务食品安全操作规范》的相关要求执行。食品安全国家标准另有规定的，从其规定。

第七节　现场加工环节管理

第三十六条（解冻工艺）冷冻食品原料不宜反复解冻、冷冻，宜使用冷藏解冻或冷水解冻方法进行解冻，解冻时合理防护，避免受到污染。[②]

第三十七条（热加工过程）烹饪食品的温度和时间应能保证食品安全。需要烧熟煮透的食品，加工制作时食品的中心温度应达到70℃以上。[③]

高危易腐食品熟制后，在8℃~60℃条件下存放2小时以上且未发生感官性状变化的，食用前应进行再加热。再加热时，食品的中心温度应达到70℃以上。[④]

第三十八条（食品添加剂）应专册记录使用的食品添加剂名称、生产日期或批号、添加的食品品种、添加量、添加时间、操作人员等信息，《食品安全国家标准 食品添加剂使用标准（GB 2760—2014）》规定按生产需要适量使

[①]《食品安全国家标准 食品经营过程卫生规范》（GB 31621—2014）第5.8条。

[②]《餐饮服务食品安全操作规范》（2018年版）第7.3.1、7.3.2条。

[③]《餐饮服务食品安全操作规范》（2018年版）第7.4.3.1.1、7.4.3.1.2条。

[④]《餐饮服务食品安全操作规范》（2018年版）第7.8条。

用的食品添加剂除外①。

第三十九条（专间范围）②制作生食类食品、裱花蛋糕、冷食类食品（动物性冷食、非发酵豆制品类植物性冷食）的，分别设置相应的操作专间，专间面积不小于 5 ㎡，并标明其用途。

第四十条（专间要求）专间应符合以下条件：

（一）专间内无明沟，地漏带水封。食品传递窗为开闭式，其他窗封闭。专间门采用易清洗、不吸水的坚固材质，能够自动关闭；

（二）设有独立的空调设施、工具等清洗消毒设施、专用冷藏设施、温度监测装置和与专间面积相适应的空气消毒设施。废弃物容器盖子应当为非手动开启式；

（三）专间入口处设置洗手、消毒、干手、更衣设施。专间内（含预进间或入口处）的水龙头开关应为非手动式；

（四）直接接触成品的用水，应经过水净化设施处理。

第四十一条（专用操作区范围）③下列加工制作可在专用操作区内进行：

（一）现榨果蔬汁、果蔬拼盘等的加工制作；

（二）仅加工制作植物性冷食类食品（不含非发酵豆制品）；

（三）对预包装食品进行拆封、装盘、调味等简单加工制作后即供应的；

（四）调制供消费者直接食用的调味料；

（五）不含生鲜乳饮品的自制饮品、不含裱花蛋糕的糕点等。

第四十二条（专用操作区要求）专用操作区应符合以下条件：

（一）场所内无明沟，地漏带水封；

（二）设工具等清洗消毒设施，需冷藏的设专用冷藏设施；

---

① 《餐饮服务食品安全操作规范》（2018 年版）第 7.5.3、7.5.4 条。
② 《餐饮服务食品安全操作规范》（2018 年版）第 7.4.1 条，有改动；《浙江省食品经营许可实施细则（试行）》第六十五条、第七十条、第七十一条。
③ 《餐饮服务食品安全操作规范》（2018 年版）第 7.4.2 条、7.4.3.6.1 条；《浙江省食品经营许可实施细则（试行）》第六十六条、第七十二条；《浙江省市场监督管理局关于深化食品经营许可改革的实施意见》（浙市监食通〔2019〕4 号）附件 2，有改动。

（三）入口处设置洗手、消毒、干手设施；

（四）直接接触成品的用水，如加工制作现榨果蔬汁、食用冰等的用水，应为预包装饮用水、使用符合相关规定的水净化设备或设施处理后的直饮水、煮沸冷却后的生活饮用水；

（五）专用操作区应通过矮柜、矮墙、屏障等物理阻断与其他场所相对隔离，仅简单加工制作或调制供消费者直接食用的调味料的，可以通过留有一定空间与其他场所进行相对分离。

第四十三条（温度控制）应使用热柜陈列热熟食，热柜的温度应达到60℃以上。宜做好热柜温度监控记录[①]。

散装熟食销售须配备具有加热或冷藏功能的密闭立体售卖熟食柜、专用工用具及容器，设可开合的取物窗（门）[②]。

冷藏冷冻食品应按其标签标识的贮存条件贮存和销售。食品货架（柜）和冷藏、冷冻设施设备按照恒温、冷藏和冷冻等不同贮存要求配备，做好相应温度监控记录[③]。

第八节　召回环节管理

第四十四条（召回的情形）发现经营的食品不符合食品安全标准或者有证据证明可能危害人体健康的，应当立即停止经营，通知相关生产经营者和消费者，并记录停止经营和通知情况[④]。

第四十五条（生产者原因召回）食品经营者知悉食品生产者召回不安全食品后，应当立即采取停止购进、销售，封存不安全食品，在经营场所醒目位置张贴生产者发布的召回公告等措施，配合食品生产者开展召回工作[⑤]。

[①]《中华人民共和国食品安全法》第五十六条；《餐饮服务食品安全操作规范》（2018年版年版）第8.1.3条，略有改动。

[②]《浙江省食品经营许可实施细则（试行）》第四十四条第五款。

[③]《食品安全国家标准　食品经营过程卫生规范》（GB31621—2014）第6.4条，略有改动；《浙江省食品经营许可实施细则（试行）》第五十条。

[④]《中华人民共和国食品安全法》第六十三条第二款。

[⑤]《食品召回管理办法》第十九条。

第四十六条（经营者原因召回）食品经营者对因自身原因所导致的不安全食品，应当根据法律法规的规定在其经营的范围内主动召回。

食品经营者召回不安全食品应当告知供货商。供货商应当及时告知生产者。

食品经营者在召回通知或者公告中应当特别注明系因其自身的原因导致食品出现不安全问题[①]。

第四十七条（召回处置）食品经营者应当依据法律法规的规定，对因停止生产经营、召回等原因退出市场的不安全食品采取补救、无害化处理、销毁等处置措施[②]。

第九节　销毁环节管理

第四十八条（处置记录）对变质、超过保质期或者回收的食品进行显著标示或者单独存放在有明确标志的场所，及时采取无害化处理、销毁等措施并如实记录[③]。记录台账宜保存 2 年以上。

鼓励采取染色、毁形等措施对超过保质期等食品进行无害化处理或销毁。有条件的宜安装摄像头。

第十节　禁止性要求

第四十九条（禁售食品、食品添加剂）禁止加工或经营的食品、食品添加剂包括以下情形[④]：

（一）腐败变质、油脂酸败、霉变生虫、污秽不洁、混有异物、掺假掺杂或者感官性状异常的；

（二）标注虚假生产日期、保质期或者超过保质期的；

（三）无标签的预包装食品、食品添加剂；

（四）国家为防病等特殊需要明令禁止销售的；

[①] 《食品召回管理办法》第二十条。

[②] 《食品召回管理办法》第二十三条。

[③] 《中华人民共和国食品安全法实施条例》第二十九条。

[④] 《中华人民共和国食品安全法》第三十四条；《食品销售者食品安全主体责任指南（试行）》（市监食经〔2020〕99 号）第 7.1 条，略有改动。

（五）用非食品原料生产的食品或者添加食品添加剂以外的化学物质和其他可能危害人体健康物质的食品，或者用回收食品作为原料生产的；

（六）致病性微生物，农药残留、兽药残留、生物毒素、重金属等污染物质以及其他危害人体健康的物质含量超过食品安全标准限量的；

（七）用超过保质期的食品原料、食品添加剂生产的；

（八）超范围、超限量使用食品添加剂的；

（九）病死、毒死或者死因不明的禽、畜、兽、水产动物肉类及其制品；

（十）未按规定进行检疫或者检疫不合格的肉类，或者未经检验或者检验不合格的肉类制品；

（十一）被包装材料、容器、运输工具等污染的；

（十二）营养成分不符合食品安全标准的专供婴幼儿和其他特定人群的主辅食品；

（十三）其他不符合法律、法规或者食品安全标准的。

禁止销售的食用农产品[①]包括上述条款第（一）、（二）、（四）、（六）、（八）、（九）、（十）、（十一）、（十三）项外，还包括以下情形：

（一）使用国家禁止的兽药和剧毒、高毒农药，或者添加食品添加剂以外的化学物质和其他可能危害人体健康的物质的；

（二）使用的保鲜剂、防腐剂等食品添加剂和包装材料等食品相关产品不符合食品安全国家标准的；

（三）标注虚假的食用农产品产地、生产者名称、生产者地址，或者标注伪造、冒用的认证标志等质量标志的。

第五十条（禁售食盐）[②]食盐生产经营禁止下列行为：

（一）将液体盐（含天然卤水）作为食盐销售；

（二）将工业用盐和其他非食用盐作为食盐销售；

（三）将利用盐土、硝土或者工业废渣、废液制作的盐作为食盐销售；

---

① 《食用农产品市场销售质量安全监督管理办法》第二十五条。
② 《食盐质量安全监督管理办法》第八条。

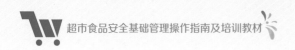

（四）利用井矿盐卤水熬制的盐，或者将利用井矿盐卤水熬制的盐作为食盐销售；

（五）生产经营掺假掺杂、混有异物的食盐；

（六）生产经营其他不符合法律、法规、规章和食品安全标准的食盐。

禁止食盐销售单位销售散装食盐，禁止餐饮服务提供者采购、贮存，使用散装食盐。

第四章　自查评估

第五十一条（食品安全自查）食品安全管理人员每季度不少于1次按照本操作指南对门店食品安全状况进行自查，并对自查发现的问题进行记录。

第五十二条（管理评估）门店负责人每半年不少于1次组织开展对食品安全管理状况的评估，评估内容包括：

（一）是否执行食品安全管理制度；

（二）是否落实食品安全管理措施；

（三）是否根据法律、法规、标准等最新要求及时调整管理内容；

（四）监督管理部门检查或第三方机构评审发现的问题是否得到纠正；

（五）消费者关于食品安全的投诉是否得到妥善处理。

第五十三条（分析原因）对自查、评估发现的问题，应逐项分析原因。具体包括：

（一）场所和设施设备的配备、使用和维护中存在不足；

（二）制定的制度在有效性、可操作性和内部落实中存在问题；

（三）人员管理职责不明确；

（四）员工教育培训、指导不够；

（五）其他影响因素。

第五十四条（纠偏措施）对自查、评估发现的问题应采取针对性措施加以改进，包括：

（一）修订管理制度；

（二）改善人员、场所和设施设备等资源配置；

（三）改进管理措施；

（四）加强员工培训和指导；

（五）其他改进措施。

第五十五条（复评）采取改进措施后，应再次进行评估，对改进措施及落实情况进行复评。

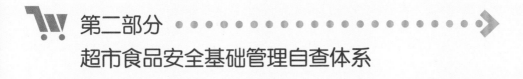

第二部分
超市食品安全基础管理自查体系

　　为保障食品安全，除政府部门日常监督检查外，超市对其自身的食品安全状况进行定期的检查、评价更为重要。《中华人民共和国食品安全法》第四十七条明确规定食品生产经营者应当建立食品安全自查制度，国家市场监督管理总局印发的《食品销售者食品安全主体责任指南（试行）》（市监食经〔2020〕99号）将食品安全自查作为食品安全主体责任的重点责任予以强调，进一步提高企业落实食品安全主体责任的自觉性和主动性。本部分包含两章内容，第一章《超市食品安全基础管理自查评估要点表》对超市食品安全基础管理的基本要求、过程管理以及超市自查评估三个方面自查内容进行了一一明确，具有较强的实践操作性；第二章《超市食品安全自查报告》根据超市出具自查报告的时间要求，分别制作了季度自查报告、半年度自查报告和年度自查报告的提纲，从企业食品安全体系整体运行情况、主要存在问题、改善措施以及下一阶段的主要工作三个方面，详细阐述了企业食品安全管理的状况、发现的问题和隐患、改进措施以及努力方向，对推动超市落实自查工作具有指导意义。

第一章 超市食品安全基础管理自查评估要点表

一、基本要求				
自查项目	项目序号	自查内容	自查结果	情况说明
资质证照	1.1	经营者持有的营业执照、食品经营许可证合法有效。	□是 □否	
	1.2	食品经营者应当在经营场所的显著位置公示营业执照、食品经营许可证、监督检查结果记录等信息。	□是 □否	
制度管理	1.3	建立健全食品安全管理制度。	□是 □否	
	1.4	配备专职或者兼职的食品安全管理人员。大型商场超市宜设立食品安全管理机构。	□是 □否	
	1.5	食品安全管理人员应当经过培训和考核。经考核不具备食品安全管理能力的，不得上岗。	□是 □否	
	1.6	主要从业人员全年接受不少于40小时的食品安全集中培训。	□是 □否	
	1.7	禁业限制人员不得申请食品经营许可，或者从事食品经营管理工作、担任食品经营企业食品安全管理人员。	□是 □否	
记录管理	1.8	建立与食品安全管理制度相关的记录，明确记录保存期限。	□是 □否	
二、过程管理				
自查项目	项目序号	自查内容	自查结果	情况说明
从业人员管理	2.1	从事接触直接入口食品工作的食品经营人员应当每年进行健康检查，取得健康证明后方可上岗工作。	□是 □否	
	2.2	不得患有《国家卫生计生委关于印发有碍食品安全的疾病目录的通知》规定的疾病。	□是 □否	

续表

二、过程管理				
自查项目	项目序号	自查内容	自查结果	情况说明
	2.3	从业人员应当保持良好的个人卫生。	□是 □否	
	2.4	加工或经营食品时，应当将手洗净，穿戴清洁的工作衣、帽等，必要时佩戴口罩、手套。	□是 □否	
	2.5	宜建立从事接触直接入口食品工作的食品经营人员健康档案。	□是 □否	
场所布局及设备设施管理	2.6	食品销售、贮存场所环境整洁，有良好的通风、排气装置，并避免日光直接照射。	□是 □否	
	2.7	地面应做到硬化，平坦防滑并易于清洁消毒，并有适当措施防止积水。	□是 □否	
	2.8	食品销售、贮存场所应当与生活区分（隔）开。	□是 □否	
	2.9	销售场所布局合理，食品销售区域和非食品销售区域分开设置。	□是 □否	
	2.10	食品贮存设专门区域，不得与有毒有害物品同库存放。	□是 □否	
	2.11	根据经营项目设置相应的经营设备或设施，以及相应的消毒、更衣、盥洗、采光、照明、通风、防腐、防尘、防蝇、防鼠、防虫等设备或设施。	□是 □否	
	2.12	设备设施定期进行维护保养，保留相应的维护保养记录并存档。	□是 □否	
	2.13	销售有温度控制要求的食品，配备与经营品种、数量相适应的冷藏冷冻或加热等设备和设施。	□是 □否	
	2.14	食品与非食品有适当的分隔措施、固定的存放位置和标识。	□是 □否	
	2.15	贮存的食品应与墙壁、地面保持适当距离。	□是 □否	

续表

二、过程管理				
自查项目	项目序号	自查内容	自查结果	情况说明
容器、工用具和废弃物管理	2.16	贮存、装卸食品的容器、工具、用具和设备应当安全、无害，保持清洁，防止食品污染。	□是 □否	
	2.17	直接入口的食品应当使用无毒、清洁的包装材料和容器。	□是 □否	
	2.18	加工区域及贮存场所内用于盛放原料、半成品、成品的容器和使用的工具、用具，有明显的区分标识，提倡采用色标管理，存放区域分开设置。	□是 □否 □不适用	
	2.19	清洁剂、消毒剂、杀虫剂等物质应分别包装，明确标识，并与食品及包装材料分区域放置。	□是 □否 □不适用	
	2.20	食品原料、食品加工容器具、清洁用具的清洗水池应分开，并以明显标识标明其用途。	□是 □否 □不适用	
	2.21	废弃物存放容器应配有盖子，并有明显的区分标识。	□是 □否 □不适用	
采购验收管理	2.22	采购食品应查验供货者的许可证和食品出厂检验合格证或其他合格证明。	□是 □否	
	2.23	采购按照有关规定需要检疫、检验的肉类及肉类制品，应查验动物检疫合格证明、肉类检验合格证明等证明文件。	□是 □否	
	2.24	采购进口食品应有海关出具的入境货物检验检疫证明。	□是 □否	
	2.25	采购食用农产品，应当按照规定查验相关证明材料，不符合要求的，不得采购和销售。	□是 □否	
	2.26	应建立食品、食用农产品进货查验记录制度，并保存相关凭证。	□是 □否	

二、过程管理				
自查项目	项目序号	自查内容	自查结果	情况说明
销售环节管理	2.27	实行统一配送销售方式的食品、食用农产品销售企业，可以由企业总部统一建立进货查验记录制度；所属各销售门店应当保存总部的配送清单以及相应的合格证明文件。	□是 □否	
	2.28	鼓励建立食品安全电子追溯体系，依法如实记录并保存进货查验、食品销售等信息，保证食品快速、精准溯源。	□是 □否	
	2.29	鼓励加强供应商基地审核，签订食品安全协议，建立供应商基地审核档案。	□是 □否	
	2.30	经营的预包装食品包装上应当有标签，标签、说明书应清楚、明显，生产日期、保质期等事项应显著标注，容易辨识。	□是 □否	
	2.31	销售散装食品，应当在散装食品的容器、外包装上标明食品的名称、生产日期或者生产批号、保质期以及生产经营者名称、地址、联系方式等内容。	□是 □否 □不适用	
	2.32	进口预包装食品有符合《预包装食品标签通则》等标准的中文标签，标签载明食品的原产国（地区）以及代理商、进口商、经销商的名称、地址、联系方式。	□是 □否 □不适用	
	2.33	销售应当包装或者附加标签的食用农产品，在包装或者附加标签后方可销售。	□是 □否 □不适用	
	2.34	食用农产品标签所用文字应当使用规范的中文，标注的内容应当清楚、明显，不得含有虚假、错误或者其他误导性内容。	□是 □否 □不适用	
	2.35	销售获得绿色食品、有机农产品等认证的食用农产品以及省级以上农业行政部门规定的其他需要包装销售的食用农产品应当包装，并标注相应标志和发证机构，鲜活畜、禽、水产品等除外。	□是 □否 □不适用	

续表

自查项目	项目序号	自查内容	自查结果	情况说明
		二、过程管理		
	2.36	销售未包装的食用农产品，应当在摊位（柜台）明显位置如实公布食用农产品名称、产地、生产者或者销售者名称或者姓名等信息。	□是 □否 □不适用	
	2.37	鼓励采取附加标签、标示带、说明书等方式标明食用农产品名称、产地、生产者或者销售者名称或者姓名、保存条件以及最佳食用期等内容。	□是 □否 □不适用	
	2.38	进口食用农产品的包装或者标签应当符合我国法律、行政法规的规定和食品安全国家标准的要求，并载明原产地，境内代理商的名称、地址、联系方式。	□是 □否 □不适用	
	2.39	进口鲜冻肉类产品的包装应当标明产品名称、原产国（地区）、生产企业名称、地址以及企业注册号、生产批号；外包装上应当以中文标明规格、产地、目的地、生产日期、保质期、储存温度等内容。	□是 □否 □不适用	
	2.40	分装销售的进口食用农产品，应当在包装上保留原进口食用农产品全部信息以及分装企业、分装时间、地点、保质期等信息。	□是 □否 □不适用	
	2.41	保健食品的标签、说明书不得涉及疾病预防、治疗功能，内容应真实，载明适宜人群、不适宜人群、功效成分或者标志性成分及其含量等，并声明"本品不能代替药物"，与注册或者备案的内容相一致。	□是 □否 □不适用	
	2.42	应按照食品标签标示的警示标志、警示说明或注意事项的要求贮存和销售食品。	□是 □否 □不适用	

自查项目	项目序号	自查内容	自查结果	情况说明
	2.43	保健食品销售、特殊医学用途配方食品销售、婴幼儿配方乳粉销售、婴幼儿配方食品销售的，应当在经营场所划定专门的区域或柜台、货架摆放、销售，并分别设立提示牌，注明"×××销售专区"字样，提示牌为绿底白字，字体为黑体，字体大小可根据设立的专柜或专区的空间大小而定。	□是 □否 □不适用	
	2.44	申请保健食品销售的，还应当在专柜或者专区显著位置标明"保健食品不是药物，不能代替药物治疗疾病"字样。	□是 □否 □不适用	
	2.45	应加强对食品保质期管理，食品保质期随着冷冻、冷藏、常温等贮存条件改变而发生变化的，应严格按照相应的贮存条件下的保质期要求销售。	□是 □否	
	2.46	设立临近保质期食品的常温、冷藏或冷冻销售专柜，集中陈列出售临近保质期食品。	□是 □否	
	2.47	向消费者作出醒目的"临近保质期食品"提示。	□是 □否	
贮存环节管理	2.48	应遵循先进先出的原则，定期检查库存食品，及时处理变质或超过保质期的食品。	□是 □否	
	2.49	生食与熟食等容易交叉污染的食品应采取适当的分隔措施，固定存放位置并明确标识。	□是 □否 □不适用	
	2.50	冷藏（冻）库保持地面无积水，门内侧、墙壁无发霉，风机口无积灰，天花板无积霜；保持库内整洁，定时清理，避免地面积冰及污垢积压。	□是 □否 □不适用	
	2.51	冷藏冷冻设备的温度应符合食品标签上标注的贮存条件。	□是 □否 □不适用	

二、过程管理				
自查项目	项目序号	自查内容	自查结果	情况说明
现场加工环节管理	2.52	冷冻食品原料不宜反复解冻、冷冻，宜使用冷藏解冻或冷水解冻方法进行解冻，解冻时合理防护，避免受到污染。	□是 □否 □不适用	
	2.53	烹饪食品的温度和时间应能保证食品安全。需要烧熟煮透的食品，加工制作时食品的中心温度应达到70℃以上。	□是 □否 □不适用	
	2.54	高危易腐食品熟制后，在8℃~60℃条件下存放2小时以上且未发生感官性状变化的，食用前应进行再加热。再加热时，食品的中心温度应达到70℃以上。	□是 □否 □不适用	
	2.55	应使用热柜陈列热熟食，热柜的温度应达到60℃以上。宜做好热柜温度监控记录。	□是 □否 □不适用	
	2.56	散装熟食销售须配备具有加热或冷藏功能的密闭立体售卖熟食柜、专用工用具及容器，设可开合的取物窗（门）。	□是 □否 □不适用	
	2.57	冷藏冷冻食品应按其标签标识的贮存条件下贮存和销售。食品货架（柜）和冷藏、冷冻设施设备按照恒温、冷藏和冷冻等不同贮存要求配备，做好相应温度监控记录。	□是 □否 □不适用	
	2.58	应专册记录使用的食品添加剂名称、生产日期或批号、添加的食品品种、添加量、添加时间、操作人员等信息，《食品安全国家标准 食品添加剂使用标准》（GB 2760—2014）规定按生产需要适量使用的食品添加剂除外。	□是 □否 □不适用	
专间/专用操作区要求	2.59	专间：制作生食类食品、冷食类食品（动物性冷食、非发酵豆制品类植物性冷食）、裱花蛋糕；各专间面积不小于5 m²，有明显标识，标明其用途。	□是 □否 □不适用	

续表

二、过程管理				
自查项目	项目序号	自查内容	自查结果	情况说明
	2.60	专间内无明沟，地漏带水封。食品传递窗为开闭式，其他窗封闭。专间门采用易清洗、不吸水的坚固材质，能够自动关闭。	□是 □否 □不适用	
	2.61	专间设有独立的空调设施、工具等清洗消毒设施、专用冷藏设施、温度监测装置和与专间面积相适应的空气消毒设施。废弃物容器盖子应当为非手动开启式。	□是 □否 □不适用	
	2.62	专间入口处设置洗手、消毒、干手、更衣设施。专间内（含预进间或入口处）的水龙头开关应为非手动式。	□是 □否 □不适用	
	2.63	专间直接接触成品的用水，应经过水净化设施处理。	□是 □否 □不适用	
	2.64	专用操作区：加工制作鲜榨果蔬汁、果蔬拼盘、不含非发酵豆制品的植物性冷食、不含生鲜乳饮品的自制饮品、不含裱花蛋糕的糕点、简单加工处理预包装食品、调制供消费者直接食用调味料。各专用操作区有明显标识，标明其用途。	□是 □否 □不适用	
	2.65	专用操作区场所内无明沟，地漏带水封。	□是 □否 □不适用	
	2.66	专用操作区设工具等清洗消毒设施，需冷藏的设专用冷藏设施。	□是 □否 □不适用	
	2.67	专用操作区入口处设置洗手、消毒、干手设施。	□是 □否 □不适用	
	2.68	专用操作区直接接触成品的用水，如加工制作现榨果蔬汁、食用冰等的用水，应为预包装饮用水、使用符合相关规定的水净化设备或设施处理后的直饮水、煮沸冷却后的生活饮用水。	□是 □否 □不适用	

自查项目	项目序号	自查内容	自查结果	情况说明
		二、过程管理		
	2.69	专用操作区应通过矮柜、矮墙、屏障等物理阻断与其他场所相对隔离，仅简单加工制作或调制供消费者直接食用的调味料的，可以通过留有一定空间与其他场所进行相对分离。	□是 □否 □不适用	
召回环节管理	2.70	发现经营的食品不符合食品安全标准或者有证据证明可能危害人体健康的，应当立即停止经营，通知相关生产经营者和消费者，并记录停止经营和通知情况。	□是 □否	
	2.71	食品经营者知悉食品生产者召回不安全食品后，应当立即采取停止购进、销售，封存不安全食品，在经营场所醒目位置张贴生产者发布的召回公告等措施，配合食品生产者开展召回工作。	□是 □否 □不适用	
	2.72	食品经营者对因自身原因所导致的不安全食品，应当根据法律法规的规定在其经营的范围内主动召回。食品经营者召回不安全食品应当告知供货商。供货商应当及时告知生产者。	□是 □否 □不适用	
	2.73	食品经营者应当依据法律法规的规定，对因停止生产经营、召回等原因退出市场的不安全食品采取补救、无害化处理、销毁等处置措施。	□是 □否	
销毁环节管理	2.74	对变质、超过保质期或者回收的食品进行显著标示或者单独存放在有明确标志的场所，及时采取无害化处理、销毁等措施并如实记录。	□是 □否	
	2.75	记录台账宜保存 2 年以上。	□是 □否	
	2.76	鼓励采取染色、毁形等措施对超过保质期等食品进行无害化处理或销毁。	□是 □否	
	2.77	有条件的宜安装摄像头。	□是 □否	

续表

二、过程管理				
自查项目	项目序号	自查内容	自查结果	情况说明
禁止性 要求	2.78	禁止加工或经营的食品、食品添加剂包括以下情形： （一）腐败变质、油脂酸败、霉变生虫、污秽不洁、混有异物、掺假掺杂或者感官性状异常的； （二）标注虚假生产日期、保质期或者超过保质期的； （三）无标签的预包装食品、食品添加剂； （四）国家为防病等特殊需要明令禁止销售的； （五）用非食品原料生产的食品或者添加食品添加剂以外的化学物质和其他可能危害人体健康物质的食品，或者用回收食品作为原料生产的； （六）致病性微生物，农药残留、兽药残留、生物毒素、重金属等污染物质以及其他危害人体健康的物质含量超过食品安全标准限量的； （七）用超过保质期的食品原料、食品添加剂生产的； （八）超范围、超限量使用食品添加剂的； （九）病死、毒死或者死因不明的禽、畜、兽、水产动物肉类及其制品； （十）未按规定进行检疫或者检疫不合格的肉类，或者未经检验或者检验不合格的肉类制品； （十一）被包装材料、容器、运输工具等污染的； （十二）营养成分不符合食品安全标准的专供婴幼儿和其他特定人群的主辅食品； （十三）其他不符合法律、法规或者食品安全标准的。	□是 □否	

续表

二、过程管理				
自查项目	项目序号	自查内容	自查结果	情况说明
	2.79	禁止销售的食用农产品包括上述条款第（一）、（二）、（四）、（六）、（八）、（九）、（十）、（十一）、（十三）项外，还包括以下情形： （一）使用国家禁止的兽药和剧毒、高毒农药，或者添加食品添加剂以外的化学物质和其他可能危害人体健康的物质的； （二）使用的保鲜剂、防腐剂等食品添加剂和包装材料等食品相关产品不符合食品安全国家标准的； （三）标注虚假的食用农产品产地、生产者名称、生产者地址，或者标注伪造、冒用的认证标志等质量标志的。	□是 □否	
	2.80	禁止销售不符合食品安全标准的食盐。	□是 □否	
三、超市自查评估				
自查评估	3.1	食品经营者应当建立食品安全自查制度，每季度不少于1次对食品安全状况进行检查评价并对自查发现的问题进行记录。 评价内容包括： （一）是否执行食品安全管理制度； （二）是否落实食品安全管理措施； （三）是否根据法律、法规、标准等最新要求及时调整管理内容； （四）监督管理部门检查或第三方机构评审发现的问题是否得到纠正； （五）消费者关于食品安全的投诉是否得到妥善处理。	□是 □否	

三、超市自查评估				
自查评估	3.2	对自查、评估发现的问题，应逐项分析原因。具体包括： （一）场所和设施设备的配备、使用和维护中存在不足； （二）制定的制度在有效性、可操作性和内部落实中存在问题； （三）人员管理职责不明确； （四）员工教育培训、指导不够； （五）其他影响因素。	□是 □否	
	3.3	对自查、评估发现的问题应采取针对性措施加以改进，包括： （一）修订管理制度； （二）改善人员、场所和设施设备等资源配置； （三）改进管理措施； （四）加强员工培训和指导； （五）其他改进措施。	□是 □否	
	3.4	采取改进措施后，应再次进行评估，对改进措施及落实情况进行复评。	□是 □否	

第二章　超市食品安全自查报告

第一节　超市季度食品安全自查报告

一、食品安全体系整体运行情况

围绕下面几个方面分别作概况说明，主要针对是否发生变化：

- 经营主体资质变化方面
- 制度与人员管理方面
- 场所及设施设备方面
- 法律法规、食品安全国家标准更新方面

二、主要存在的问题及改善措施

（一）食品安全自查情况

1. 存在问题

……

2. 改善措施

……

（二）第三机构评审情况

1. 存在问题

……

2. 改善措施

……

（三）投诉举报情况

1. 存在问题

……

2. 改善措施

……

（四）潜在的食品安全事故风险

1.存在问题

……

2.处置措施

……

三、下一阶段的主要工作

针对存在的问题，从人员培训、制度执行，必要的设施设备完善等方面予以改进。

第二节　超市半年度（年度）食品安全自查报告

一、食品安全体系整体运行情况

围绕下面几个方面分别作概况说明，主要针对是否发生变化：

● 经营主体资质变化方面

● 制度与人员管理方面

● 场所及设施设备方面

● 法律法规、食品安全国家标准更新方面

二、主要存在的问题及改善措施

（一）食品安全自查情况

1.存在问题

……

2.改善措施

……

（二）各部门(如生鲜部/食品部等)部门日常监督检查情况

1.存在问题

……

2.改善措施

……

（三）第三机构评审情况

1.存在问题

……

2. 改善措施

……

（四）投诉举报情况

1. 存在问题

……

2. 改善措施

……

（五）潜在的食品安全事故风险

1. 存在问题

……

2. 处置措施

……

三、下一阶段的主要工作

针对存在的问题，从人员培训、制度执行、必要的设施设备完善等方面予以改进。

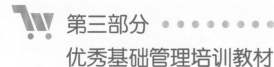

第三部分
优秀基础管理培训教材

    超市食品安全基础管理是超市守住食品安全底线的基石，优秀的基础管理就是对食品安全的基本要求实现全方位、规范化、标准化管理。本部分从超市实现食品安全优秀基础管理的目标出发，对应超市食品安全自查的基础要求、过程管理以及超市自查评估三个方面内容，列明超市食品安全管理的具体管理目标、目标的出处（为什么）、如何达到目标（应该怎么做）以及超市自身状况（做得怎么样）四个方面的内容，以具体的文字描述和直观的图片展示给超市提供了较为全面的培训教材。本部分的附录，提供了超市日常食品安全管理中常用的员工培训记录、进货查验台账记录等主要的食品安全管理记录参考模板，以更好地辅助实现超市优秀食品安全基础管理。

【教学视频】

第一章　基础管理

第一节　资质证照

具体管理目标	为什么	应该怎么做	做得怎么样
1.1 合规经营			
1.1.1 经营者持有合法有效的食品经营许可证。	《中华人民共和国食品安全法》第三十五条;《食品经营许可管理办法》第二条;《浙江省食品经营许可实施细则》第九、十条	●经营许可证应在有效期内。 ●许可证载明的主体业态、经营地址等应与实际相一致。 ●实际经营项目与许可项目应一致,不存在超出许可项目经营的情况。 **食品经营许可证**	

食品经营主体业态分为:食品销售经营者、餐饮服务经营者、单位食堂。

食品销售经营者,包括:商场超市(大型、中型、便利店)、食杂店、食品批发经营者、无实体门店食品经营者。

餐饮服务经营者,包括:特大型餐饮、大型餐饮、中型餐饮、小型餐饮、小微餐饮、中央厨房、集体用餐配送单位。

单位食堂,包括:学校(托幼机构)食堂、建筑工地食堂、机关企事业单位食堂、养老机构食堂、其他食堂。

申请网络经营的,应当在主体业态后以括号标注。

食品经营项目分为:1.散装食品销售(含冷藏冷冻食品、不含冷藏冷冻食品);2.其他类食品销售;3.热食类食品制售;4.冷食类食品制售;5.生食类食品制售;6.糕点类食品制售(含裱花蛋糕、不含裱花蛋糕);7.自制饮品制售(普通类、鲜奶吧、自酿酒);8.其他类食品制售。

注:根据2021年新修订的《中华人民共和国食品安全法》第三十五条,仅销售预包装食品的,不需要取得许可。

具体管理目标	为什么	应该怎么做	做得怎么样
1.2 信息公示			
1.2.1 食品经营者应当在经营场所的显著位置公示营业执照、食品经营许可证、监督检查结果记录等信息。	《食品经营许可管理办法》第二十六条；《食品生产经营日常监督检查管理办法》第二十二条	●营业执照、食品安全信息公示栏（含食品经营许可证、监督检查结果记录）在服务台或者门店醒目处。 超市食品安全风险分级 日常监督检查结果记录表 	

第二节　制度管理

具体管理目标	为什么	应该怎么做	做得怎么样
2.1 建立制度			
2.1.1 建立健全食品安全管理制度。	《中华人民共和国食品安全法》第四十四条;《浙江省食品经营许可实施细则（试行)》第三十二条	●主要包括但不限于以下制度: （1）从业人员健康管理制度; （2）从业人员培训管理制度; （3）食品安全管理人员制度; （4）食品安全自查制度; （5）加工经营场所及设施设备清洁、消毒和维修保养制度; （6）进货查验和记录制度; （7）食品贮存管理制度; （8）供应商管理制度; （9）不合格食品处置制度; （10）不安全食品召回制度; （11）食品安全突发事件应急处置制度; （12）消费者投诉处置制度等。 **食品安全管理制度** ●制度制定的原则: （1）结合超市自身的实际情况，充分与各部门、各层次员工进行沟通，确保制度的可执行性; （2）制度中的具体工作有明确的责任人员。	

具体管理目标	为什么	应该怎么做	做得怎么样
2.2 管理人员			
2.2.1 配备专职或兼职的食品安全管理人员。	《中华人民共和国食品安全法》第四十四条；《浙江省食品经营许可实施细则（试行）》第三十一、三十二条	●超市应配备专职或兼职的食品安全管理人员，食品安全管理人员的数量应当与超市的经营规模相适应。 ●明确其食品安全责任，落实岗位责任制。 	
2.2.2 大型商场超市宜设立食品安全管理机构。	《餐饮服务食品安全操作规范》（2018年版）第13.1.1条	●大型商场超市宜设立食品安全管理机构，明确食品安全管理机构中相关人员的岗位职责。 ●超市食品安全管理机构图例： **食品安全管理人员机构图**	

续表

具体管理目标	为什么	应该怎么做	做得怎么样
2.3 培训考核			
2.3.1 食品安全管理人员应当经过培训和考核。经考核不具备食品安全管理能力的，不得上岗。	《中华人民共和国食品安全法》第四十四条；《浙江省食品经营许可实施细则（试行）》第三十一条	●食品安全管理人员应当掌握与其岗位相适应的食品安全法律、法规、标准和专业知识，具备食品安全管理能力。 ●超市应加强对食品安全管理人员的培训和考核，必要时可以委托专业的第三方机构开展培训和考核。	
2.3.2 主要从业人员全年接受不少于 40 小时的食品安全集中培训。	《国务院办公厅关于印发2017年食品安全重点工作安排的通知》（国办发〔2017〕28号）	●主要从业人员包括但不限于食品安全管理人员、主要岗位操作人员（收货、贮存、加工制作、清洗消毒、销售等），培训务求实效，采用易于理解的方式开展。 ●制订培训计划，新员工上岗前培训，老员工定期培训，保留相关的培训、考核记录。 ●相关食品安全法律法规、标准以及超市食品安全管理制度、操作规程更新时，应及时组织从业人员进行相关的培训。 ●培训重点： （1）食品安全法律法规、标准； （2）食品安全基本知识； （3）超市各项食品安全管理制度、操作规程等。 ●培训方法： （1）口头授课； （2）视频图片教学； （3）岗边培训等。 ●考核方式： （1）现场询问； （2）笔试答题； （3）现场操作。	

具体管理目标	为什么	应该怎么做	做得怎么样
2.4 禁业限制			
2.4.1 禁止聘用人员。	《中华人民共和国食品安全法》第一百三十五条	●超市聘用人员时，应核查应聘人员的从业背景，禁止聘用以下从业人员： （1）被吊销许可证的食品经营者及其法定代表人、直接负责的主管人员和其他直接责任人员自处罚决定作出之日起五年内不得申请食品经营许可，或者从事食品经营管理工作、担任食品经营企业食品安全管理人员； （2）因食品安全犯罪被判处有期徒刑以上刑罚的，终身不得从事食品经营管理工作，也不得担任食品经营企业食品安全管理人员。 ●超市聘用人员违反前两款规定的，由食品安全监督管理部门吊销许可证。	

第三节　记录管理

具体管理目标	为什么	应该怎么做	做得怎么样
3.1 记录要求			
3.1.1 建立与食品安全管理制度相关的记录，明确记录保存期限。	《餐饮服务食品安全操作规范（2018 年版）》第 15.1 条	●建立与食品安全管理制度相关的记录，明确记录保存期限。 ●记录主要包括但不限于： （1）食品安全管理人员培训考核记录； （2）从业人员培训记录；（3）食品安全自查记录；(4)进货查验记录；(5)冷藏（冻）库（柜）温度监控记录；（6）设备设施维修保养记录；（7）定期除虫灭害记录；（8）废弃物处置记录；（9）不安全食品召回记录；(10)不合格食品处置记录等。 ●记录台账宜保存 2 年以上。 与食品安全制度相关的记录	

【教学视频】

第二章　过程管理

第一节　从业人员管理

具体管理目标	为什么	应该怎么做	做得怎么样
1.1 人员健康管理			
1.1.1 从事接触直接入口食品工作的食品经营人员应当每年进行健康检查，取得健康证明后方可上岗工作。	《中华人民共和国食品安全法》第四十五条	●从事接触直接入口食品工作人员取得健康证明后上岗。 ●老员工在健康证明到期前一个月安排体检。 ●必要时应进行临时健康检查。 ●宜建立食品经营人员健康证档案，方便管理。	
1.1.2 不得安排患有《国家卫生计生委关于印发有碍食品安全的疾病目录的通知》规定疾病的人员从事接触直接入口食品的工作。	《国家卫生计生委关于印发有碍食品安全的疾病目录的通知》（国卫食品发〔2016〕31号）	有碍食品安全的疾病目录： （一）霍乱； （二）细菌性和阿米巴性痢疾； （三）伤寒和副伤寒； （四）病毒性肝炎（甲型、戊型）； （五）活动性肺结核； （六）化脓性或者渗出性皮肤病。	

具体管理目标	为什么	应该怎么做	做得怎么样
1.2 个人卫生规范			
1.2.1 从业人员应当保持良好的个人卫生。	《中华人民共和国食品安全法》第三十三条；《食品安全国家标准 食品经营过程卫生规范》（GB 31621—2014）第8.3条	●食品处理区的从业人员遵循以下个人卫生要求： （1）不得留长指甲，不涂指甲油； （2）不得佩戴外露的首饰：如手表、手镯、戒指、耳环等。 **涂指甲油**　　　**佩戴戒指**	
1.2.2 加工或经营食品时，应当将手洗净。手部清洗符合《餐饮服务从业人员洗手消毒方法》。	《中华人民共和国食品安全法》第三十三条;《餐饮服务食品安全操作规范》（2018年版）第14.4条	需要洗手的情形： ●从业人员在加工制作食品前、加工制作过程中，应保持手部清洁。出现下列情形时，应重新洗净手部： （1）加工制作不同存在形式的食品前； （2）清理环境卫生、接触化学物品或不洁物品（落地的食品、受到污染的工具容器和设备、餐厨废弃物、钱币、手机等）后； （3）咳嗽、打喷嚏及擤鼻涕后。 ●使用卫生间、用餐、饮水、吸烟等可能会污染手部的活动后，应重新洗净手部。 ●加工制作不同类型的食品原料前，宜重新洗净手部。 ●从事接触直接入口食品工作的从业人员，加工制作食品前应洗净手部并进行手部消毒。加工制作过程中，应保持手部清洁。出现下列情形时，应重新洗净手部并消毒： （1）接触非直接入口食品后； （2）触摸头发、耳朵、鼻子、面部、口腔或身体其他部位后。	

续表

具体管理目标	为什么	应该怎么做	做得怎么样

1.2 个人卫生规范

洗手程序：

1. 打开水龙头，用自来水（宜为温水）将双手弄湿；

2. 双手涂上适当的洗手液；

3. 双手互相搓擦 20 秒，也可用洁净的指甲刷清洁指甲；

4. 工作服为长袖的应洗到腕部，工作服为短袖的应洗到肘部；

5. 用自来水冲净双手；

6. 关闭水龙头（手动式水龙头应用肘部或以清洁纸巾包裹水龙头将其关闭）；

7. 用清洁纸巾、卷轴式清洁抹手布或干手器干燥双手。

标准的清洗手部方法：

消毒手部前应先洗净手部，然后参照以下方法消毒：

方法一：将洗净后的双手在消毒剂水溶液中浸泡 20 秒至 30 秒，用自来水将双手冲净。

方法二：取适量的乙醇类速干手消毒剂于掌心，按照标准的清洗手部方法充分搓擦双手 20 秒至 30 秒，搓擦时保证手消毒剂完全覆盖双手皮肤，直至干燥。

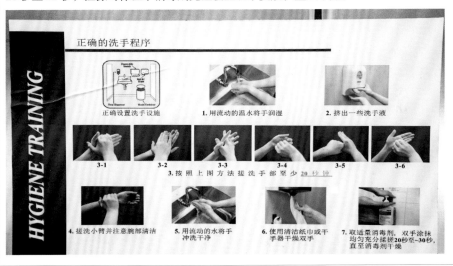

续表

具体管理目标	为什么	应该怎么做	做得怎么样
1.2 个人卫生规范			
1.2.3 加工或经营食品时，穿戴清洁的工作衣、帽等，必要时佩戴口罩、手套。	《中华人民共和国食品安全法》第三十三条；《食品安全国家标准 食品经营过程卫生规范》（GB 31621—2014）第8.6条；《餐饮服务食品安全操作规范》（2018年版）第14.3.2条	●接触直接入口或不需清洗即可加工的散装食品时应戴口罩、手套和帽子，头发不应外露。 ●制定员工着装规范，从业人员应穿着工作衣上岗。 ●更衣室场所或加工区域张贴员工着装规范标准图（熟食、烘焙、肉品、水产、蔬果各部门的着装规范）。 ●专间入口处配备干净工作衣，进专间二次更衣。 ●专间从业人员佩戴清洁的口罩。 ●专用操作区内从事下列活动的从业人员应佩戴清洁的口罩： 1) 现榨果蔬汁加工制作； 2) 果蔬拼盘加工制作； 3) 加工制作植物性冷食类食品（不含非发酵豆制品），如拍黄瓜； 4) 对预包装食品进行拆封、装盘、调味等简单加工制作后即供应的； 5) 调制供消费者直接食用的调味料； 6) 备餐。 ●专用操作区内从事其他加工制作的从业人员，宜佩戴清洁的口罩。 ●加工即食食品时或者接触即食食品时应佩戴清洁、无破损、符合食品安全要求的手套，手套应定时更换，更换时应重新洗手。 ●干净手套应存放在清洁卫生的位置，避免受到污染。	

具体管理目标	为什么	应该怎么做	做得怎么样
1.2 个人卫生规范			
1.2.4 食品从业人员没有不良卫生习惯。	《食品安全国家标准 食品经营过程卫生规范》（GB 31621—2014）第8.5条	●不在工作区域喝水、吸烟、吃零食等。 ●不在工作区域存放私人物品。 ●不在工作区域随意吐痰、擤鼻涕等不卫生动作。	

第二节　场所布局及设备设施管理

具体管理目标	为什么	应该怎么做	做得怎么样
2.1 环境卫生			
2.1.1 食品销售、贮存场所环境整洁，有良好的通风、排气装置，并避免日光直接照射。	《浙江省食品经营许可实施细则(试行)》第四十条	●定期对食品销售、贮存场所环境进行清洁，保持场所整洁。 清洁的销售场所	

续表

具体管理目标	为什么	应该怎么做	做得怎么样
2.1 环境卫生			
		●结合超市实际情况，采用自然通风、机械通风等方式，保持场所空气流通，经营、贮存区域的食品避免阳光直射。 **通风设施**	
2.1.2. 地面应做到硬化，平坦防滑，防积水，易于清洁消毒。	《浙江省食品经营许可实施细则（试行）》第四十条	●销售、贮存、加工区域地面铺设无毒、无异味、不透水、耐腐蚀的材料。 ●平坦防滑并易于清洁消毒，地面平整、无裂缝，并有适当措施防止积水。 **食品贮存区域地面平整**	
2.1.3 食品销售、贮存场所应当与生活区分（隔）开。	《浙江省食品经营许可实施细则（试行）》第四十条	●食品销售、贮存场所与食堂、宿舍等生活区域分（隔）开，防止交叉污染。	

续表

具体管理目标	为什么	应该怎么做	做得怎么样
2.2 空间布局			
2.2.1 销售场所布局合理。	《浙江省食品经营许可实施细则(试行)》第四十一条	●销售场所布局合理; (1)食品销售区域和非食品销售区域分开设置; (2)生食区域和熟食区域分开; (3)待加工食品区域与直接入口食品区域分开; (4)经营水产品的区域与其他食品经营区域分开。 **食品销售区与非食品销售区分开** **经营水产品的区域与 其他食品经营区域分开**	
2.2.2 食品贮存设专门区域,不得与有毒有害物品同库存放。	《浙江省食品经营许可实施细则(试行)》第四十一条	●食品贮存设专门区域,不得与有毒有害物品同库存放。	

51

具体管理目标	为什么	应该怎么做	做得怎么样
2.3 设施设备			
2.3.1 根据经营项目设置相应的经营设备或设施，以及相应的清洗、消毒、更衣、盥洗、采光、照明、通风、防腐、防尘、防蝇、防鼠、防虫等设备或设施。	《浙江省食品经营许可实施细则（试行）》第三十四条	●根据经营项目，设置相应的经营设备或设施，配备以下设施： （1）清洗、消毒设施：食品工用具的清洗水池应与食品原料、清洁用具的清洗水池分开，采用化学消毒方法的应设置接触直接入口食品工用具的专用消毒水池，采用物理消毒的可以配备紫外线/红外线消毒柜； **工器具清洗池　　刀具消毒柜** （2）更衣设施：设置男、女更衣室，配备足够大的更衣空间、足够数量的更衣设施（如更衣柜、挂钩、衣架等）； **更衣设施** （3）洗手设施：食品处理区应设置足够数量的洗手设施，包括洗手水龙头、洗手液、消毒液、干手设施、洗手流程图； **完整的洗手设施**	

具体管理目标	为什么	应该怎么做	做得怎么样
2.3 设施设备			
		（4）卫生间：不得设置在食品处理区内，卫生间出入口不应直对食品处理区，出口附近设置符合上述要求的洗手设施； （5）照明设施：应有充足的自然采光或人工照明设施，安装在暴露食品正上方的照明灯应有防护装置，避免照明灯爆裂后污染食品，冷冻（藏）库应使用防爆灯； **照明灯　冷藏（冻）库内的防爆灯** （6）通风设施：经营场所可采用自然通风或机械通风，保持空气流通，与外界直接相通的通风口、换气窗外，应加装不小于16目的防虫筛网，设置空调及排风设施的，应定期清洁消毒空调及通风设施； 对外的玻璃窗户　　对外的排风扇 安装纱网　　　　安装纱网	

具体管理目标	为什么	应该怎么做	做得怎么样
2.3 设施设备			
		（7）防尘设施：销售散装直接入口食品或无须清洗即可加工的食品，设置相应的防尘遮盖设施； （8）防蝇设施：食品处理区宜安装粘捕式灭蝇灯。使用电击式灭蝇灯的，灭蝇灯不得悬挂在食品加工制作或贮存区域的上方，防止电击后的虫害碎屑污染食品； 粘捕式灭蝇灯 电击式灭蝇灯	

续表

具体管理目标	为什么	应该怎么做	做得怎么样
2.3 设施设备			
		（9）防鼠设施：经营场所内应使用粘鼠板、捕鼠笼、机械式捕鼠器等装置，不得使用杀鼠剂，排水管道出水口安装的篦子宜使用金属材料制成，篦子缝隙间距或网眼应小于10mm。 粘鼠板　　　　机械式鼠笼 ●定期检查经营场所的虫害控制设施运行情况，鼓励选择有资质的第三方虫害控制机构做好虫害防治工作。	
2.3.2 设备设施定期进行维护保养，保留相应的维护保养记录并存档。	《浙江省食品经营许可实施细则（试行）》第四十八条	●制订各类设备设施的维护保养计划，明确保养人、保养内容、保养频率、保养日期，并按时保养，做好日常的维修保养记录。 	
2.3.3 销售有温度控制要求的食品，配备与经营品种、数量相适应的冷藏冷冻设备或加热设备，设备应当保证食品贮存销售所需的温度等要求。	《浙江省食品经营许可实施细则（试行）》第四十三条	●配备与经营品种、数量相适应的冷藏冷冻库（柜）或加热设备，冷链或加热设备运行正常，冷藏冷冻库（柜）及加热柜宜设置外显式的温度监控设施。 冷冻展示柜	

续表

具体管理目标	为什么	应该怎么做	做得怎么样
2.4 分隔措施			
2.4.1 食品与非食品有适当的分隔措施、固定的存放位置和标识。贮存的食品应与墙壁、地面保持适当距离。	《食品安全国家标准 食品经营过程卫生规范》（GB 31621—2014）第5.5条；《浙江省食品经营许可实施细则（试行）》第四十一条	●食品与非食品（如包装材料、清洁消毒用品等）有适当的分隔措施、固定的存放位置和标识。 包装材料在单独区域存放，与食品存放区分隔 食品存放与地面、墙面保持适当距离	

第三节　容器、工用具和废弃物管理

具体管理目标	为什么	应该怎么做	做得怎么样
3.1 容器、工用具			
3.1.1 贮存、装卸食品的容器、工具、用具和设备安全、卫生。直接入口的食品	《中华人民共和国食品安全法》第三十三条	●贮存、装卸食品的容器、工具、用具和设备应当安全、无害，保持清洁； ●直接入口的食品应当使用无毒、清洁的包装材料和容器，符合国家相关的法律法规及食品安全标准的要求。	

续表

具体管理目标	为什么	应该怎么做	做得怎么样
3.1 容器、工用具			
应当使用无毒、清洁的包装材料和容器。		 不锈钢容器　　食品包装材料	
3.2 区分标识			
3.2.1 盛放原料、半成品、成品的容器和使用的工具、用具，宜有明显的区分标识。	《浙江省食品经营许可实施细则（试行）》第六十一条	●盛放原料、半成品、成品的容器和使用的工具、用具宜有明显的区分标识，提倡采用色标管理，存放区域分开设置。 肉类 蔬菜类 水产类 蔬菜加工刀具与砧板　水产加工刀具与砧板	
3.2.2 清洁剂、消毒剂、杀虫剂等物质应分别包装，明确标识，并与食品及包装材料分区域放置。	《食品安全国家标准 食品经营过程卫生规范》（GB 31621—2014）第5.11条	●清洁剂、消毒剂、杀虫剂等物质应分别包装，明确标识，并与食品及包装材料分区域放置。 消毒剂放置区	

具体管理目标	为什么	应该怎么做	做得怎么样
3.3 清洗水池			
3.3.1 食品原料、食品加工容器具、清洁用具的清洗水池应分开，并以明显标识标明其用途。	《餐饮服务食品安全操作规范》（2018年版）第5.3.2条；《浙江省食品经营许可实施细则（试行）》第五十九条	●食品处理区应当根据加工品种和规模设置食品原料清洗水池等设施，保障动物性食品、植物性食品、水产品三类食品分开清洗，清洗水池等设施数量或容器与加工食品数量相适应。与食品原料、清洁用具及接触非直接入口食品的工具、容器清洗水池分开，避免交叉污染。 **水产品清洗水池** ●设置专用于拖把等清洁工具、用具的清洗水池或设施，其位置不会污染食品及其加工制作过程。 **拖把等清洁工具清洗水池** **指定标识的清洁工具存放处**	

续表

具体管理目标	为什么	应该怎么做	做得怎么样
3.4 废弃装置			
3.4.1 废弃物存放容器应配有盖子，并有明显的区分标识。	《餐饮服务食品安全操作规范》（2018年版）第11.1.1条	●废弃物存放容器应配有盖子，并有明显的区分标识，宜配备脚踏式垃圾桶。 	

第四节　采购验收管理

具体管理目标	为什么	应该怎么做	做得怎么样
4.1 进货查验			
4.1.1 采购食品应查验供货者的许可证和食品出厂检验合格证或其他合格证明。	《中华人民共和国食品安全法》第五十三条	●采购食品应查验供货者的许可证和食品出厂检验合格证或其他合格证明： （1）从生产单位采购的，查看《食品生产许可证》复印件； （2）从经营单位采购的，查看《食品经营许可证》复印件； **食品生产许可证**	

具体管理目标	为什么	应该怎么做	做得怎么样
4.1 进货查验			

食品经营许可证

（3）食品出厂检验合格证或其他合格证明。

食品出厂检验报告

产品合格证

续表

具体管理目标	为什么	应该怎么做	做得怎么样
4.1 进货查验			
		第三方检测报告	
4.2 肉类及肉类制品			
4.2.1 采购按照有关规定需要检疫、检验的肉类及肉类制品，应查验动物检疫合格证明、肉类检验合格证明等证明文件。	《中华人民共和国食品安全法》第三十四条;《食用农产品市场销售质量安全监督管理办法》第十五条	●采购按照有关规定需要检疫、检验的肉类及肉类制品，应查验动物检疫合格证明、肉类检验合格证明等证明文件。 ●采购猪肉、牛肉等动物产品的，应索取每批次动物检疫合格证明；采购猪肉的，还应查验肉品品质检验合格证明和非洲猪瘟检验合格证明文件。 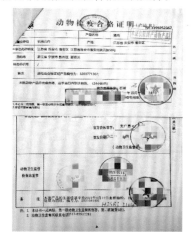 猪肉的动物检疫合格证明 （PCR 非洲猪瘟检测结果为阴性）	

超市食品安全基础管理操作指南及培训教材

续表

具体管理目标	为什么	应该怎么做	做得怎么样
4.2 肉类及肉类制品			
		猪肉的肉品品质检验合格证 猪肉的非洲猪瘟检测报告	
4.3 进口食品			
4.3.1 采购进口食品应有海关出具的入境货物检验检疫证明。	《中华人民共和国食品安全法》第九十二条	●采购进口食品应有海关出具的入境货物检验检疫证明，核对进口食品的品名、生产日期等信息是否与产品标签一致。 进口食品的入境货物检验检疫证明	

续表

具体管理目标	为什么	应该怎么做	做得怎么样
4.4 食用农产品			
4.4.1 食用农产品采购食用农产品，应当按照规定查验相关证明材料。	《食用农产品市场销售质量安全监督管理办法》第二十六条	●采购食用农产品，应当按照规定查验产地证明或者购货凭证、合格证明文件，不符合要求的，不得采购和销售。 ●食用农产品生产企业或者农民专业合作经济组织及其成员生产的食用农产品，由本单位出具产地证明；其他食用农产品生产者或者个人生产的食用农产品，由村民委员会或者乡镇政府等出具产地证明。 ●绿色食品、有机农产品以及农产品地理标志等食用农产品标志上所标注的产地信息，可以作为产地证明。 ●供货者提供的销售凭证、销售者与供货者签订的食用农产品采购协议，可以作为食用农产品购货凭证。 食用农产品销售凭证	

具体管理目标	为什么	应该怎么做	做得怎么样
4.4 食用农产品			
		●有关部门出具的食用农产品质量安全合格证明或者销售者自检合格证明等可以作为合格证明文件。	
4.5 进货查验记录			
4.5.1 建立食品进货查验记录制度。	《中华人民共和国食品安全法》第五十三条	●建立食品进货查验记录制度，如实记录食品的名称、规格、数量、生产日期或者生产批号、保质期、进货日期以及供货者名称、地址、联系方式等内容，并保存相关凭证。 ●记录和凭证保存期限不得少于产品保质期满后6个月，没有明确保质期的，不得少于2年。 食品进货查验记录 <table><tr><td>进货日期</td><td>品名</td><td>规格</td><td>数量</td><td>生产日期</td><td>保质期</td><td>供应商名称</td><td>地址</td><td>联系方式</td><td>验收人员</td></tr></table> 备注：食品进货查验记录和相关凭证保存期限不得少于产品保质期满后六个月，没有明确保质期的，不得少于二年。	
4.5.2 建立食用农产品进货查验记录制度。	《食用农产品市场销售质量安全监督管理办法》第二十六条	●建立食用农产品进货查验记录制度，如实记录食用农产品名称、数量、进货日期以及供货者名称、地址、联系方式等内容，并保存相关凭证。 ●记录和凭证保存期限不得少于6个月。	
4.5.3 实行统一配送销售方式的食品、食用农产品销售企业，可以由企业总部统一建立进货查验记录制度。	《中华人民共和国食品安全法》第五十三条；《食用农产品市场销售质量安全监督管理办法》第二十六条	●实行统一配送销售方式的食品、食用农产品销售企业，可以由企业总部统一建立进货查验记录制度。 ●所属各销售门店应当保存总部的配送清单以及相应的合格证明文件。	

续表

具体管理目标	为什么	应该怎么做	做得怎么样
4.5 进货查验记录			
4.5.4 鼓励建立食品安全电子追溯体系。	《中华人民共和国食品安全法实施条例》第十八条	●鼓励建立食品安全电子追溯体系，依法如实记录并保存进货查验、食品销售等信息。	
4.6 基地审核			
4.6.1 鼓励加强供应商基地审核，签订食品安全协议，建立供应商基地审核档案。	《食用农产品市场销售质量安全监督管理办法》第二十一、二十二条	●鼓励加强供应商基地审核，签订食品安全协议，建立供应商基地审核档案。 ●对不同风险等级的供应商进行分级，根据风险等级自行或委托第三方机构对供应商进行现场实地审核，关注供应商的过程管理，保留供应商实地审核资料。	

第五节　销售环节管理

具体管理目标	为什么	应该怎么做	做得怎么样
5.1 标签标识			
5.1.1 预包装食品标签要求。	《中华人民共和国食品安全法》第六十七、七十一条	●经营的预包装食品包装上应有标签，标签、说明书清楚、明显，生产日期、保质期等事项应显著标注，容易辨识。 ●检查预包装食品的包装标签信息，标签应当标明下列事项： （一）名称、规格、净含量、生产日期； （二）成分或者配料表； （三）生产者的名称、地址、联系方式； （四）保质期； （五）产品标准代号； （六）贮存条件； （七）所使用的食品添加剂在国家标准中的通用名称； （八）生产许可证编号； （九）法律、法规或者食品安全标准规定应当标明的其他事项。	

续表

具体管理目标	为什么	应该怎么做	做得怎么样
5.1 标签标识			
		●专供婴幼儿和其他特定人群的主辅食品，其标签还应当标明主要营养成分及其含量；食品安全国家标准对标签标注事项另有规定的，从其规定。	
预包装食品：预先定量包装或者制作在包装材料和容器中的食品，包括预先定量包装以及预先定量制作在包装材料和容器中并且在一定量限范围内具有统一的质量或体积标识的食品。  			
5.1.2 散装食品的标签要求。	《中华人民共和国食品安全法》第六十八条	●销售散装食品，应当在散装食品的容器、外包装上标明： （1）食品的名称； （2）生产日期或者生产批号； （3）保质期； （4）生产经营者名称、地址、联系方式等内容。	

续表

具体管理目标	为什么	应该怎么做	做得怎么样
5.1 标签标识			
散装食品：指无预先定量包装，需称重销售的食品，包括无包装和带非定量包装的食品。   散装面粉　　　　　　　散装糖果			
5.1.3 进口预包装食品的标签要求。	《中华人民共和国食品安全法》第九十七条	●符合 GB7718 等标准的中文标签，标签载明食品的原产国（地区）以及代理商、进口商、经销商的名称、地址、联系方式。  进口食品中文标签	
5.1.4 应当包装销售的食用农产品的标签要求。	《食用农产品市场销售质量安全监督管理办法》第三十二条	●应当包装或者附加标签的食用农产品，在包装或者附加标签后方可销售。包装或者标签上应当按照规定标注食用农产品名称、产地、生产者、生产日期等内容；对保质期有要求的，应当标注保质期；保质期与贮藏条件有关的，应当予以标明。 	

续表

具体管理目标	为什么	应该怎么做	做得怎么样
5.1 标签标识			
		●有分级标准或者使用食品添加剂的，应当标明产品质量等级或者食品添加剂名称。 ■ 原料产地及品种：新疆和田骏枣 ■ 产品规格：500g ■ 执行标准：GB/T 5835 ■ 质量等级：一等 ■ 保质期：12个月 ■ 贮存方法：密封，置于阴凉干燥处或冷藏 ■ 食用方法：干吃、煮粥、泡茶、煲汤等	
5.1.5 食用农产品标签规范性、真实性。	《食用农产品市场销售质量安全监督管理办法》第三十二条	●食用农产品标签所用文字使用规范的中文，标注的内容应当清楚、明显，不得含有虚假、错误或者其他误导性内容。	
5.1.6 绿色食品、有机农产品的标签要求。	《食用农产品市场销售质量安全监督管理办法》第三十三条	●绿色食品、有机农产品等认证的食用农产品以及省级以上农业行政部门规定的其他需要包装销售的食用农产品应当包装销售，并标注相应标志和发证机构，鲜活畜、禽、水产品等除外。	
5.1.7 未包装的食用农产品的标识要求。	《食用农产品市场销售质量安全监督管理办法》第三十四条	●销售未包装的食用农产品，在摊位（柜台）明显位置如实公布食用农产品名称、产地、生产者或者销售者名称或者姓名等信息。	

续表

具体管理目标	为什么	应该怎么做	做得怎么样
5.1 标签标识			
5.1.8 食用农产品标签的鼓励性要求。	《食用农产品市场销售质量安全监督管理办法》第三十四条	●鼓励采取附加标签、标示带、说明书等方式标明食用农产品名称、产地、生产者或者销售者名称或者姓名、保存条件以及最佳食用期等内容。	
5.1.9 进口食用农产品的标签要求（进口鲜冻肉产品除外）。	《食用农产品市场销售质量安全监督管理办法》第三十五条	●进口食用农产品（进口鲜冻肉产品除外）的包装或者标签应当符合我国法律、行政法规的规定和食品安全国家标准的要求，并载明原产地，境内代理商的名称、地址、联系方式。	
5.1.10 进口鲜冻肉产品的标签要求。	《食用农产品市场销售质量安全监督管理办法》第三十五条	●进口鲜冻肉类产品的包装应当标明： 1) 产品名称、原产国（地区）； 2) 生产企业名称、地址以及企业注册号； 3) 生产批号。 ●外包装上应当以中文标明： 1) 规格； 2) 产地、目的地； 3) 生产日期、保质期、储存温度等内容。 	

续表

具体管理目标	为什么	应该怎么做	做得怎么样
5.1 标签标识			
5.1.11 分装销售的进口食用农产品的标签要求。	《食用农产品市场销售质量安全监督管理办法》第三十五条	●分装销售的进口食用农产品，应在包装上保留原进口食用农产品全部信息以及分装企业、分装时间、地点、保质期等信息。 （图片：冰鲜澳洲和牛 牛肉块 产品标签）	
5.1.12 保健食品的标签、说明书要求。	《中华人民共和国食品安全法》第七十八条	●保健食品的标签、说明书不得涉及疾病预防、治疗功能，内容应真实。 ●载明适宜人群、不适宜人群、功效成分或者标志性成分及其含量等，并声明"本品不能代替药物"，与注册或者备案的内容相一致。 （图片：保健食品瓶及说明书）	
5.1.13 警示标志、警示说明。	《中华人民共和国食品安全法》第七十二条	●按照食品标签标示的警示标志、警示说明或注意事项的要求贮存和销售食品。 （图片：瓦伦丁小麦啤酒产品标签）	

续表

具体管理目标	为什么	应该怎么做	做得怎么样
5.2 特殊食品销售（特殊食品：保健食品、特殊医学用途配方食品、婴幼儿配方乳粉、婴幼儿配方食品）			
5.2.1 特殊食品专区（专柜）销售。	《浙江省食品经营许可实施细则（试行）》第四十五条	● 特殊食品在经营场所划定专门的区域或柜台、货架摆放、销售。 ● 并分别设立提示牌，注明"×××销售专区"字样，提示牌为绿底白字，字体为黑体，字体大小可根据设立的专柜或专区的空间大小而定。 	
5.2.2 婴幼儿乳粉相关要求。	《婴幼儿乳粉产品配方注册管理办法》	●2018 年 1 月 1 日起我国实行"奶粉配方注册制"，所有市场销售的婴幼儿配方奶粉必须获得配方注册证书，不得委托、贴牌、分装。 ●进口奶粉直接在入境前在最小包装上印制中文标签，不得在国内加贴。	
5.2.3 保健食品销售的特殊要求。	《保健食品标注警示用语指南》	●保健食品经营者在经营保健食品的场所、网络平台等显要位置标注"保健食品不是药物，不能代替药物治疗疾病"等消费提示信息。 	

续表

具体管理目标	为什么	应该怎么做	做得怎么样
5.2 特殊食品销售（特殊食品：保健食品、特殊医学用途配方食品、婴幼儿配方乳粉、婴幼儿配方食品）			
5.2.4 特殊医学用途配方食品相关要求	《中华人民共和国食品安全法实施条例》第三十六条第二款	●特殊医学用途配方食品中的特定全营养配方食品应当通过医疗机构或者药品零售企业向消费者销售。 ●医疗机构、药品零售企业销售特定全营养配方食品的，不需要取得食品经营许可，但是应当遵守食品安全法及实施条例关于食品销售的规定。	
保健食品：声称并具有特定保健功能或者以补充维生素、矿物质为目的的食品。即适用于特定人群食用，具有调节机体功能，不以治疗疾病为目的，并且对人体不产生任何急性、亚急性或慢性危害的食品。标签标注"蓝帽子＋保健食品批准文号"。 特殊医学用途配方食品：为了满足进食受限、消化吸收障碍、代谢紊乱或特定疾病状态人群对营养素或膳食的特殊需要，专门加工配制而成的配方食品，包括适用于 0 月龄至 12 月龄的特殊医学用途婴儿配方食品和适用于 1 岁以上人群的特殊医学用途配方食品。该类产品必须在医生或临床营养师指导下，单独食用或与其他食品配合食用。产品标签上标示的产品名称应为产品注册批准的名称，如 ×××特殊医学用途全营养配方食品（粉）；产品标签上标注产品注册号，格式为"国食注字 TY+4 位年代号＋4 位顺序号"。			
5.3 保质期管理			
5.3.1 严格按照相应的贮存条件下的保质期要求销售。		●食品保质期随着冷冻、冷藏、常温等贮存条件改变而发生变化的，应严格按照相应的贮存条件下的保质期要求销售。 品名：鹌鹑蛋 产品标准号：GB2749 配料：鲜鹌鹑蛋 生产日期：见喷码 保质期：常温40天，冷藏70天 贮存条件：冷藏或放于阴凉干燥通风处 食用方法：炖、炒、煎均可 产地： 生产商： 地址： 联系电话：	

续表

具体管理目标	为什么	应该怎么做	做得怎么样
5.4 临近保质期食品			
5.4.1 临近保质期的规定。	《浙江省食品药品监督管理局关于印发临近保质期食品管理制度（试行）的通知》（浙食药监规〔2014〕14 号）第二条	根据食品保质期的不同，参考行业惯例，对食品临近保质期界定如下：（一）保质期在一年以上的（含一年，下同），临近保质期为 45 天；（二）保质期在半年以上不足一年的，临近保质期为 30 天；（三）保质期在 90 天以上不足半年的，临近保质期为 20 天；（四）保质期在 30 天以上不足 90 天的，临近保质期为 10 天；（五）保质期在 10 天以上不足 30 天的，临近保质期为 2 天；（六）保质期在 10 天以下的，临近保质期为 1 天。食品经营者可与供货商自行商议临保期，但不得低于上述期限。国家有关标准允许不标明保质期的食品，不设临近保质期。	
5.4.2 临期食品集中专柜陈列，展示"临近保质期食品"提示。	《浙江省食品经营许可实施细则（试行）》第四十二条	●设立临近保质期食品的常温、冷藏或冷冻销售专柜，集中陈列出售临近保质期食品。 ●向消费者作出醒目的"临近保质期食品"提示。 临近保质期食品 销售专区	

第六节　贮存环节管理

具体管理目标	为什么	应该怎么做	做得怎么样
6.1 分隔措施和标识			
6.1.1 生熟食品分开，明确标识。	《食品安全国家标准 食品经营过程卫生规范》（GB31621–2014）第5.6条	●生食与熟食等容易交叉污染的食品应采取适当的分隔措施，固定存放位置并明确标识。 半成品存放区 原料存放区	
6.2 先进先出			
6.2.1 遵循先进先出原则，处理变质或超过保质期的食品。	《食品安全国家标准 食品经营过程卫生规范》（GB31621–2014）第5.8条	●食品出入库根据食品的生产日期做好"先进先出"。 ●定期检查库存食品，及时处理变质或超过保质期的食品。	
6.3 冷藏冷冻库／柜卫生			
6.3.1 冷藏冷冻库（柜）保持清洁。		●冷藏冷冻库（柜）保持地面无积水，门内侧、墙壁无发霉，风机口无积灰，天花板无积霜；保持库内整洁，定时清理，避免地面积冰及污垢积压。	

具体管理目标	为什么	应该怎么做	做得怎么样
6.3 冷藏冷冻库 / 柜卫生			
6.4 冷藏冷冻温度			
6.4.1 冷藏冷冻食品在规定条件下贮存、销售。	《浙江省食品经营许可实施细则（试行）》第四十三条	●冷藏冷冻设备的温度应符合食品标签上标注的贮存条件。 ●现场加工食品涉及的原料、半成品、成品的冷藏冷冻温度参照《餐饮服务食品安全操作规范》（2018 年版）的相关要求执行。 ●食品安全国家标准另有规定的，从其规定。	

第七节　现场加工环节管理

具体管理目标	为什么	应该怎么做	做得怎么样
7.1 解冻工艺要求			
7.1.1 解冻工艺符合要求。	《餐饮服务食品安全操作规范》（2018 年版）第 7.3.1、7.3.2 条	●宜使用冷藏解冻或冷水解冻方法进行解冻，不宜使用常温解冻。 ●解冻时应合理防护，避免受到污染。 ●流水解冻时，原料应被水完全浸没。 	

具体管理目标	为什么	应该怎么做	做得怎么样
7.2 热加工过程			
7.2.1 烧熟烧透。	《餐饮服务食品安全操作规范》（2018 年版）第 7.4.3.1.1、7.4.3.1.2 条	●烹饪食品的温度和时间应能保证食品安全。 ●需要烧熟煮透的食品，加工制作时食品的中心温度应达到 70℃以上。	
7.2.2 食品再加热。	《餐饮服务食品安全操作规范》（2018 年版）第 7.8 条	●高危易腐食品熟制后，在 8℃～60℃条件下存放 2 小时以上且未发生感官性状变化的，食用前应进行再加热。 ●再加热时，食品的中心温度应达到 70℃以上。	
7.3 食品添加剂使用			
7.3.1 食品添加剂的使用符合《食品安全国家标准 食品添加剂使用标准》（GB 2760-2014）相关要求。	《餐饮服务食品安全操作规范》（2018 年版）第 7.5.3、7.5.4 条	●专册记录使用的食品添加剂名称、生产日期或批号、添加的食品品种、添加量、添加时间、操作人员等信息，《食品安全国家标准 食品添加剂使用标准》（GB 2760-2014）食品添加剂使用标准规定按生产需要适量使用的食品添加剂除外。 ●食品添加剂专区（柜）存放、专人管理。 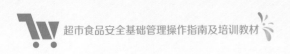	
7.4 专间范围			
7.4.1 专间的使用范围。	《浙江省食品经营许可实施细则（试行）》第七十条、七十一条、附件 1	●制作生食类食品、裱花蛋糕、冷食类食品（动物性冷食、非发酵豆制品类植物性冷食）的，分别设置相应的操作专间。 ●专间面积不小于 5 ㎡，并标明其用途。	

续表

具体管理目标	为什么	应该怎么做	做得怎么样
7.4 专间范围			
7.5 专间要求			
7.5.1 专间设施符合相关要求。	《餐饮服务食品安全操作规范》（2018年版）第 7.4.1 条；浙江省食品经营许可实施细则（试行）》第六十五条	●专间内无明沟，地漏带水封。食品传递窗为开闭式，其他窗封闭。专间门采用易清洗、不吸水的坚固材质，能够自动关闭。 **食品传递窗** **带水封的地漏** ●设有独立的空调设施、工具等清洗消毒设施、专用冷藏设施、温度监测装置和与专间面积相适应的空气消毒设施。废弃物容器盖子应当为非手动开启式。	

续表

具体管理目标	为什么	应该怎么做	做得怎么样
7.5 专间要求			

空调

紫外线消毒灯

刀具消毒柜

●专间入口处设置洗手、消毒、干手、更衣设施。专间内（含预进间或入口处）的水龙头开关应为非手动式。

具体管理目标	为什么	应该怎么做	做得怎么样
7.5 专间要求			
		直接接触成品的用水，应经过水净化设施处理。 ●专间工作时，温度不得高于 25℃。	
专间：指处理或短时间存放直接入口食品的专用加工制作间，包括冷食间、生食间、裱花间、中央厨房和集体用餐配送单位的分装或包装间等。			
7.6 专用操作区范围			
7.6.1 专用操作区范围。	《浙江省食品经营许可实施细则（试行）》第七十二条	●下列加工制作可在专用操作区内进行： （1）现榨果蔬汁、果蔬拼盘等的加工制作； （2）仅加工制作植物性冷食类食品（不含非发酵豆制品）； （3）对预包装食品进行拆封、装盘、调味等简单加工制作后即供应的； （4）调制供消费者直接食用的调味料。 （5）不含生鲜乳饮品的自制饮品、不含裱花蛋糕的糕点等。	
专用操作区： 指处理或短时间存放直接入口食品的专用加工制作区域，包括现榨果蔬汁加工制作区、果蔬拼盘加工制作区、备餐区（指暂时放置、整理、分发成品的区域）等。			

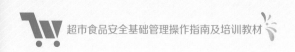

续表

具体管理目标	为什么	应该怎么做	做得怎么样
7.7 专用操作区要求			
7.7.1 专用操作区符合相关要求。	《餐饮服务食品安全操作规范》（2018 年版）第7.4.2 条；《浙江省食品经营许可实施细则（试行）》第六十六条	●专用操作区满足以下要求： （1）场所内无明沟，地漏带水封； （2）设工具等清洗消毒设施，需冷藏的设专用冷藏设施； （3）入口处设置洗手、消毒、干手设施； （4）直接接触成品的用水，如加工制作现榨果蔬汁、食用冰等的用水，应为预包装饮用水、使用符合相关规定的水净化设备或设施处理后的直饮水、煮沸冷却后的生活饮用水； （5）专用操作区应通过矮柜、矮墙、屏障等物理阻断与其他场所相对隔离，仅简单加工制作或调制供消费者直接食用的调味料的，可以通过留有一定空间与其他场所进行相对分离。	
7.8 温度控制			
7.8.1 热柜温度监控要求。	《中华人民共和国食品安全法》第五十六条；《餐饮服务食品安全操作规范》（2018 年版）第8.1.3 条	●应使用热柜陈列热熟食，热柜的温度应达到 60℃以上。宜做好热柜温度监控记录。	
7.8.2 散装熟食销售要求。	《浙江省食品经营许可实施细则（试行）》第四十四条	●散装熟食销售须配备具有加热或冷藏功能的密闭立体售卖熟食柜、专用工用具及容器，设可开合的取物窗（门）。 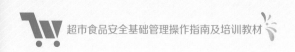	

续表

具体管理目标	为什么	应该怎么做	做得怎么样
7.8 温度控制			
7.8.3冷藏冷冻食品销售。	《食品安全国家标准 食品经营过程卫生规范》(GB31621–2014)第6.4条;《浙江省食品经营许可实施细则(试行)》第五十条	●冷藏冷冻食品应按其标签标识的贮存条件贮存和销售。食品货架(柜)和冷藏、冷冻设施设备按照恒温、冷藏和冷冻等不同贮存要求配备,做好相应温度监控记录。 	

第八节 召回环节管理

具体管理目标	为什么	应该怎么做	做得怎么样
8.1 召回的情形			
8.1.1 召回的情形。	《中华人民共和国食品安全法》第六十三条	●发现经营的食品不符合食品安全标准或者有证据证明可能危害人体健康的,应当立即停止经营,通知相关生产经营者和消费者,并记录停止经营和通知情况。	
8.2 生产者原因召回			
8.2.1 生产者原因召回。	《食品召回管理办法》第十九条	●食品经营者知悉食品生产者召回不安全食品后,应当立即采取停止购进、销售,封存不安全食品,在经营场所醒目位置张贴生产者发布的召回公告等措施,配合食品生产者开展召回工作。	

续表

具体管理目标	为什么	应该怎么做	做得怎么样
8.3 经营者原因召回			
8.3.1 经营者原因召回。	《食品召回管理办法》第二十条	●食品经营者对因自身原因所导致的不安全食品，应当根据法律法规的规定在其经营的范围内主动召回。 ●食品经营者召回不安全食品应当告知供货商。供货商应当及时告知生产者。 ●食品经营者在召回通知或者公告中应当特别注明系因其自身的原因导致食品出现不安全问题。 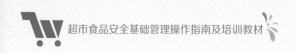	
8.4 召回处置			
8.4.1 召回处置。	《中华人民共和国食品安全法》第六十三条；《食品召回管理办法》第二十三、二十四、二十五条	●食品经营者应当依据法律法规的规定，对因停止生产经营、召回等原因退出市场的不安全食品采取补救、无害化处理、销毁等处置措施。 ●对因标签、标志或者说明书不符合食品安全标准而被召回的食品，食品生产者在采取补救措施且能保证食品安全的情况下，可以继续销售；销售时应当向消费者明示补救措施。 ●召回的食品属于违法添加非食用物质、腐败变质、病死畜禽等严重危害人体健康和生命安全情形的，食品销售者应当立即就地销毁。	

第九节　销毁环节管理

具体管理目标	为什么	应该怎么做	做得怎么样
9.1 处置记录			
9.1.1 处置记录。	《中华人民共和国食品安全法实施条例》第二十九条	●对变质、超过保质期或者回收的食品进行显著标示或者单独存放在有明确标志的场所，及时采取无害化处理、销毁等措施并如实记录，记录台账宜保存 2 年以上。 ●鼓励采取染色、毁形等措施对超过保质期等食品进行无害化处理或销毁，有条件的宜安装摄像头。	

第十节　禁止性要求

具体管理目标	为什么	应该怎么做	做得怎么样
10.1 禁止销售的食品、食品添加剂			
10.1.1 禁止销售的食品、食品添加剂。	《中华人民共和国食品安全法》第三十四条；《食品销售者食品安全主体责任指南（试行）》第 7.1 条	●禁止加工或经营的食品、食品添加剂，包括以下情形： （一）腐败变质、油脂酸败、霉变生虫、污秽不洁、混有异物、掺假掺杂或者感官性状异常的食品、食品添加剂； （二）标注虚假生产日期、保质期或者超过保质期的食品、食品添加剂； （三）无标签的预包装食品、食品添加剂； （四）国家为防病等特殊需要明令禁止生产经营的食品； （五）用非食品原料生产的食品或者添加食品添加剂以外的化学物质和其他可能危害人体健康物质的食品，或者用回收食品作为原料生产的食品；	

续表

具体管理目标	为什么	应该怎么做	做得怎么样
10.1 禁止销售的食品、食品添加剂			
		（六）致病性微生物，农药残留、兽药残留、生物毒素、重金属等污染物质以及其他危害人体健康的物质含量超过食品安全标准限量的食品、食品添加剂、食品相关产品； （七）用超过保质期的食品原料、食品添加剂生产的食品、食品添加剂； （八）超范围、超限量使用食品添加剂的食品； （九）病死、毒死或者死因不明的禽、畜、兽、水产动物肉类及其制品； （十）未按规定进行检疫或者检疫不合格的肉类，或者未经检验或者检验不合格的肉类制品； （十一）被包装材料、容器、运输工具等污染的食品、食品添加剂； （十二）营养成分不符合食品安全标准的专供婴幼儿和其他特定人群的主辅食品； （十三）其他不符合法律、法规或者食品安全标准的食品、食品添加剂、食品相关产品。	
10.2 禁止销售的食用农产品			
10.2.1 禁止销售的食用农产品。	《食用农产品市场销售质量安全监督管理办法》第二十五条	●禁止销售的食用农产品上述条款第（一）（二）（四）（六）（八）（九）（十）（十一）（十三）项外，还包括以下情形： （一）使用国家禁止的兽药和剧毒、高毒农药，或者添加食品添加剂以外的化学物质和其他可能危害人体健康的物质的； （二）使用的保鲜剂、防腐剂等食品添加剂和包装材料等食品相关产品不符合食品安全国家标准的；	

具体管理目标	为什么	应该怎么做	做得怎么样
10.2 禁止销售的食用农产品			
		（三）标注虚假的食用农产品产地、生产者名称、生产者地址，或者标注伪造、冒用的认证标志等质量标志的。	
10.3 禁止销售的食盐			
10.3.1 禁止销售的食盐。	《食盐质量安全监督管理办法》第八条	食盐生产经营禁止下列行为： （一）将液体盐（含天然卤水）作为食盐销售； （二）将工业用盐和其他非食用盐作为食盐销售； （三）将利用盐土、硝土或者工业废渣、废液制作的盐作为食盐销售； （四）利用井矿盐卤水熬制食盐，或者将利用井矿盐卤水熬制的盐作为食盐销售； （五）生产经营掺假掺杂、混有异物的食盐； （六）生产经营其他不符合法律、法规、规章和食品安全标准的食盐。 禁止食盐零售单位销售散装食盐，禁止餐饮服务提供者采购、贮存、使用散装食盐。	

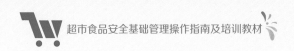

【教学视频】

第三章 自查评估

具体管理目标	为什么	应该怎么做	做得怎么样
1. 食品安全自查			
1.1 食品安全自查。	《中华人民共和国食品安全法》第四十七条	●食品安全管理人员每季度不少于1次按照本操作指南对门店食品安全状况进行自查，并对自查发现的问题进行记录。 ●自查可以根据《超市食品安全基础自查表》进行自查。	
2. 管理评估			
2.1 管理评估。	对食品管理制度进行情况、内、外部检查情况，消费者有关食品安全的投诉进行回顾分析，持续改进。	●门店负责人每半年不少于1次组织开展对食品安全管理状况的评估，评估内容包括： （1）是否执行食品安全管理制度； （2）是否落实食品安全管理措施； （3）是否根据法律、法规、标准等最新要求及时调整管理内容； （4）监督管理部门检查或第三方机构评审发现的问题是否得到纠正； （5）消费者关于食品安全的投诉是否得到妥善处理。	
3. 分析原因			
3.1 问题原因分析。	分析具体原因，以便发现问题并得到有效解决。	●对自查、评估发现的问题，应逐项分析原因。具体包括： （1）场所和设施设备的配备、使用和维护中存在不足； （2）制定的制度在有效性、可操作性和内部落实中存在问题； （3）人员管理职责不明确； （4）员工教育培训、指导不够； （5）其他影响因素。	

续表

具体管理目标	为什么	应该怎么做	做得怎么样
4. 采取改进措施			
4.1 采取改进措施。	根据评估中发现的问题及对具体原因的分析，采取针对性措施加以改进。	●对自查、评估发现的问题应采取针对性措施加以改进，包括： （1）修订管理制度； （2）改善人员、场所和设施设备等资源配置； （3）改进管理措施； （4）加强员工培训和指导； （5）其他改进措施。	
5. 复评			
5.1 复评。	对采取的改进措施进行验证。	●采取改进措施后，应再次进行评估，对改进措施及落实情况进行复评。	

第四部分
常见问题及规范管理体系建设

　　本部分包括超市食品安全常见问题实例与 7S 规范管理体系导入模版两章内容。第一章的关键词是"问题反馈",收集了第三方机构在超市技术评审中发现的主要问题,从资质证照、制度落实、人员管理、场所设施设备、采购验收等九个方面,按问题整改的紧迫性分为短期、中期、长期三类,列举了大量实例。超市可以此为鉴,在日常管理过程中避免同类问题发生。第二章的关键词是"规范",主要从规范的制度和操作、规范的工作指引、规范的设备设施和区域色标管理、规范的产品标识标签、规范的必需品配备、规范的卫生消毒用品配备、规范的存放容器配备七个方面,以图片列举的形式,为超市开展规范化建设工作从实际操作层面提供了较为规范的参考模板,是对前三部分内容的高度概括和超市日常管理体系的规范指引,为下一步超市进行规范化提升改造提供了指引。超市的规范管理体系要结合企业性质、规模和特点等逐步完善,超市可结合自身实际情况,参考其中内容,开展食品安全规范化建设。

第一章　超市食品安全常见问题实例

第一节　人员管理

操作人员加工没有佩戴帽子——短期	操作人员佩戴手镯——短期

私人水杯随意放在工作台上——短期	

第二节　场所布局与设备设施

操作间天花板破损脱落——短期	操作区域地面积水明显——短期

操作间灭蝇灯损坏——短期	操作区域刀具消毒柜损坏——短期

操作区域未配备洗手设施——短期	洗手水池附件缺少干手设施——短期

续表

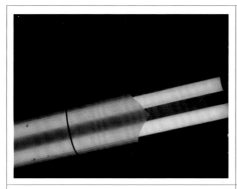

| 工作台上方照明灯的防爆灯罩破损——短期 | 贮存区食品落地存放——短期 |

第三节　容器、工用具和废弃物管理

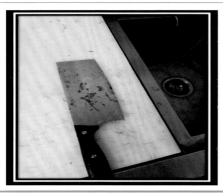

| 食品加工刀具生锈、有污渍——短期 | 清洗加工用具的水池无用途标识——短期 |

| 分装的清洁剂没有标识——短期 | 清洁扫把、簸箕未在指定标识的区域存放——短期 |

第四节　采购验收

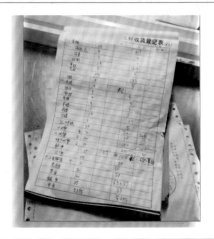

冷冻兔肉未能提供动物检疫合格证明——长期	食用农产品进货查验记录不规范，缺少供货者名称、联系方式等信息——长期

食用农产品进货查验记录不规范，未留存相关的送货凭证——长期	

第五节　销售环节管理

散装酱菜裸露销售，未公示产品信息卡——短期	 进口红酒缺少中文标签——短期
 销售区未包装的食用农产品西兰花未公示产地信息——短期	 保健食品（灵芝胶囊）与普通食品（蜂蜜）混合销售——短期
 婴幼儿配方乳粉与中老年奶粉混合销售——短期	

第六节　贮存环节管理

冷藏库内散装粉丝没有信息标识——短期

冷藏柜不能正常工作，温度显示器损坏——短期

第七节　现场加工环节管理

裱花间入口处洗手区缺少手部消毒液——短期

寿司专间内未安装空调——短期

自制热熟食常温条件裸露销售，未公示产品信息卡——短期

第二章 7S 规范管理体系导入模版

分类	序号	类别	内容	图片举例	超市应用场景
一、规范的制度和操作	1	制度、操作规范	（1）食品安全管理网络结构图； （2）健康证插板；		
			（3）食品安全管理制度（12项管理制度）或文件档案盒存档。		
二、规范的工作指引	2	工作指引类	（1）6步洗手法； （2）食品处理区色标管理； （3）正确着装示例。		

续表

分类	序号	类别	内容	图片举例	超市应用场景
三、规范的设备设施和区域色标管理;(标识的颜色、尺寸根据企业实际情况制定)	3	标识:(1) 加工区域标识	(1) 熟食、烘焙、面点、肉品、水产、蔬果等加工性部门区域; (2) 专间(熟食切配间、寿司间等生食加工间、裱花间); (3) 专用操作区(切片水果操作区等)。	熟食操作间 烘焙操作间 肉品操作间 水产操作间 蔬果操作间 寿司专间 水果切片专区	水果分切操作区 专用操作间(冷食)
	4	标识:(2) 贮存区域标识	(1) 冷藏库、冷冻库; (2) 食品添加剂存放处; (3) 包装材料存放处; (4) 清洁消毒用品存放处; (5) 清洁工具存放处(地刮、手刷、拖把、毛巾等); (6) 不合格品存放区。	冷藏库 食品添加剂存放区 包装材料存放区 清洁工具存放区 清洁消毒用品区 不合格品存放区	冷藏库 食品添加剂专区 包装材料存放区 清洁工具区 消毒剂放置区 报损区
	5	标识:(3) 食品销售区域标识	(1) 临近保质期食品销售专区; (2) 特殊食品销售专区(保健食品销售、特殊医学用途配方食品销售、婴幼儿配方乳粉销售、婴幼儿配方食品)	临近保质期食品销售专区 保健食品销售专区 保健食品不是药物,不得替代药物治疗疾病 婴幼儿配方乳粉销售专区	幼儿配方乳粉销售专区

续表

分类	序号	类别	内容	图片举例	超市应用场景
			注明"×××销售专区"字样，提示牌为绿底白字，字体为黑体，保健食品销售的，还应当在专柜或者专区显著位置标明"保健食品不是药物，不得代替药物治疗疾病"字样。		
	6	标识：设施设备用途标识	（1）蔬菜清洗池；（2）肉类清洗（解冻）池；（3）水产清洗（解冻）池；（4）加工用器具清洗池（刀具、砧板、容器等）；（5）清洁工具清洗池（拖把、地刮等）；（6）洗手池（含洗手流程图）。	蔬菜清洗池　肉类清洗（解冻）池　水产清洗（解冻）池　加工用具清洗池　清洁工具清洗池　洗手池	水产清洗池　清洁用具清洗区　工器具清洗池　洗手池
四、规范的产品标识标签	7	产品标识、标签	（1）冷藏冷冻库：畜禽类、蔬菜、水果；（2）冷藏冷冻库（柜）：原料、半成品、成品；	畜类产品　禽类产品　蔬菜　水果　原料　半成品　成品	原料存放区　半成品存放区

分类	序号	类别	内容	图片举例	超市应用场景
			（3）半成品、成品的日期标签（粘贴在贮存容器外侧），包括：产品名称、加工（解冻）日期(时间)、保质期(时间)、加工人员；	半成品/成品贮存标签 名称： □加工、□解冻日期（时间）： 保质期（时间）： 加工人员：	
			（4）周转后的散装食品标签（粘贴在贮存容器外侧），包括：产品名称、生产日期、保质期、生产者经营者名称；	散装食品贮存标签 名称： 生产日期： 保质期： 生产者（经营者）名字： （生产者原始标签信息，留存至该批物料使用完毕）	
			（5）散装食用农产品：名称、进货日期；	蔬菜、水果等周转快的生鲜食用农产品可采用"星期"的方式标识进货日期 周一 周二 周三 周四 周五 周六 周日	
			（6）调料罐：盐、糖、味精、酱油、醋、淀粉。	味精 醋 盐 糖 酱油 淀粉	

分类	序号	类别	内容	图片举例	超市应用场景
五、规范的必需品配备	8	必需品	专间(区)砧板：水产部门(蓝色：三文鱼分切)、其他专间(白色，可以是圆形、方形区分部门)。		肉类 蔬菜类 水产类
			温度计：收货红外线温度计、食品中心温度计、冰箱数显温度计。	测温范围：-50℃~80℃ -58°F~176°F 测温精度：±1℃(-20℃~80℃)；±2°F(-4°F~176°F) 显示分辨率：0.1℃ 整机尺寸：55.5mm×42.5mm×16mm 传感器类型：热敏电阻传感器 传感器长度：1米 使用环境：温度：0℃~60℃；相对湿度：20%~85%	
			粘鼠板		
			灭蝇灯		

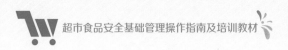

续表

分类	序号	类别	内容	图片举例	超市应用场景
六、规范的卫生消毒用品配备	9	卫生消毒用品	PE 手套		
			微笑口罩		
			条形帽		
七、规范的存放容器配备	10	存放容器	物料收纳盒		
			周转箱：红色带盖（肉类部门）、蓝色带盖（水产部门）、绿色筐子（蔬果部门）白色带盖（熟食、烘焙、面点）。		
			调料罐（熟食部门）		

附录 1

超市食品安全管理制度指引

一、从业人员健康管理制度

第一条 从事直接入口食品工作的从业人员（包括新参加和临时参加工作的人员）必须持有有效的健康证明方可上岗，并每年进行健康检查取得健康证明，必要时应进行临时健康检查。

第二条 食品安全管理人员应每天对从业人员上岗前的健康状况进行检查。患有发热、腹泻、咽部炎症等病症及皮肤有伤口或感染的从业人员，应主动向食品安全管理人员等报告，暂停从事接触直接入口食品的工作，必要时进行临时健康检查，待查明原因并将有碍食品安全的疾病治愈后方可重新上岗。

第三条 患有霍乱、细菌性和阿米巴性痢疾、伤寒和副伤寒、病毒性肝炎（甲型、戊型）、活动性肺结核、化脓性或者渗出性皮肤病等国务院卫生行政部门规定的有碍食品安全疾病的人员，不得从事接触直接入口食品的工作。

第四条 从业人员应保持良好的个人卫生，不得留长指甲、涂指甲油。工作时，应穿清洁的工作服，不得披散头发，佩戴的手表、手镯、手链、手串等饰物不得外露。食品处理区内的从业人员不宜化妆，应戴清洁的工作帽，工作帽应能将头发全部遮盖住。

第五条 从业人员在加工制作食品前，应洗净手部，手部清洗宜符合《餐饮服务从业人员洗手消毒方法》。加工制作过程中，应保持手部清洁，出现下列情形时，应重新洗净手部：（1）加工制作不同存在形式的食品前；（2）清理环境卫生、接触化学物品或不洁物品；（3）咳嗽、打喷嚏及擤鼻涕后；（4）使用卫生间、用餐、饮水、吸烟等可能会污染手部的活动后。

从事接触直接入口食品工作的从业人员，加工制作食品前应洗净手部并进行手部消毒。出现接触非直接入口食品后及触摸头发、耳朵、鼻子、面部、口腔或身体其他部位后等情形，应洗净手部并进行手部消毒。

第六条　不得将私人物品带入经营场所和贮存场所，不得吸烟及从事其他有碍食品安全的活动。

第七条　食品安全管理人员要及时对在本单位从业人员进行登记造册，建立从业人员健康档案，有条件的组织从业人员每年定期到指定体检机构进行健康检查。

第八条　食品安全管理人员和部门经理要随时掌握从业人员的健康状况，并对其健康证明进行定期检查。

第九条　从业人员健康证明应随身佩带（携带）或交主管部门统一保存，以备检查。

二、从业人员培训制度

第一条　食品安全管理人员应制订从业人员食品安全教育和培训计划，组织各部门负责人和从业人员参加各种上岗前及在职培训。

第二条　培训内容为有关食品安全的法律法规知识、基础知识及本单位的食品安全管理制度、加工制作规程、职业道德等。

第三条　培训可采用专题讲座、实际操作、现场演示等方式。

第四条　对培训及时评估效果、完善内容、改进方式。

第五条　建立从业人员食品安全知识培训档案，将培训时间、培训内容记录归档，以备查验。主要从业人员全年接受不少于40小时的食品安全集中培训。

三、食品安全管理人员制度

第一条　配备专职或兼职的食品安全管理人员，明确食品安全责任，落实岗位责任制。食品安全管理人员应当经过培训和考核。经考核不具备食品安全管理能力的，不得上岗。

第二条　负责食品采购、运输、储存、加工、销售环节的食品安全检查，督促做好食品进货查验、台账记录和保存等工作。

第三条　制定本单位食品安全管理制度和岗位责任制管理措施，检查食品安全管理制度的落实情况，并负责制定本单位食品经营场所、设备设施改善的规划。

第四条　组织本单位食品从业人员进行食品安全有关法规和知识的培训。

第五条　建立并执行从业人员健康管理制度，检查从业人员健康体检、持证上岗的情况。

第六条　按有关发放食品经营许可证管理办法，办理领取或换发食品经营许可证，做到亮证、亮照经营。

第七条　执行食品安全标准，组织实施自查自纠活动，定期检查食品安全管理制度执行情况并记录存档。

第八条　对本单位贯彻执行《中华人民共和国食品安全法》的情况进行检查，总结、推广经验，批评和奖励，制止违法行为。

第九条　配合市场监督管理等有关部门食品安全监督检查和抽样检测。

四、食品安全自查制度

第一条　食品安全管理人员结合经营实际，全面分析经营过程中的食品安全危害因素和风险点，确定食品安全自查项目和要求，建立自查清单，制订自查计划。

第二条　食品安全自查包括制度自查、定期自查和专项自查。

第三条　食品安全制度自查：对食品安全制度的适用性，每年至少开展一次自查。在国家食品安全法律、法规、规章、规范性文件和食品安全国家标准发生变化时，及时开展制度自查和修订。

第四条　食品安全定期自查：对食品经营过程，应每月至少开展一次自查。定期自查的内容，应根据食品安全法律、法规、规章确定。

第五条　食品安全专项自查：获知食品安全风险信息后，应立即开展专项自查。专项自查的重点内容应根据食品安全风险信息确定。

第六条　对自查中发现的问题食品，应立即停止使用，存放在加贴醒目、牢固标识的专门区域，避免被误用，并采取退货、销毁等处理措施。对自查中发现的其他食品安全风险，应根据具体情况采取有效措施，防止对消费者造成伤害。

第七条　根据食品安全法保留各项食品安全自查记录。

第八条　应将自查过程中发现的严重食品安全问题及时上报当地市场监督管理部门。

五、场所及设施设备定期清洗消毒、维护、校验制度

第一条　应建立设备设施的清洗消毒计划，指定专人负责场所及设备的清洗、消毒等日常工作，并保留相关记录。清洗消毒计划应明确清洗消毒对象、清洗消毒频率、清洗消毒使用的清洁物品、清洗消毒方法。

第二条　应定期清洁食品加工区、贮存区的设施、设备，保持地面无垃圾、无积水、无油渍，墙壁和门窗无污渍、无灰尘，天花板无霉斑、无灰尘，排水沟无垃圾、无积水，设备无生锈、无污渍。

第三条　应定期清洁排烟设施，保持排烟设施没有油污与积垢。

第四条　定期保养和维护食品加工、贮存等设施、设备，保持设施和设备处于正常工作状态，无破损、无损坏。

第五条　应定期校验保温设施及冷藏、冷冻设施，保持热柜、冷藏、冷冻设施等处于正常工作状态，无损坏。

六、进货查验记录制度

第一条　采购食品，应当认真履行进货查验义务，查验供货者的营业执照、许可证和食品合格的证明文件，建立进货查验档案，不从无合格经营资质的供货者处进货，不接受来历不明的上门送货行为，不经销三无（无厂名、无厂址、无生产日期）的食品和过期变质等违法食品，保证所售食品质量安全。

第二条　采购食品，应当向供货者索取销售凭证，并如实记录食品的名称、规格、数量、生产批号、保质期、供货者的名称及联系方式、进货日期等内容。记录和凭证保存期限不得少于产品保质期满后六个月，没有明确保质期的，不得少于二年。

第三条　采购食用农产品，应当向供货者索取销售凭证，并如实记录食用农产品名称、数量、进货日期以及供货者名称、地址、联系方式等内容。记录和凭证保存期限不得少于六个月。

第四条　采购按照有关规定需要检疫、检验的肉类及肉类制品，应查验动物检疫合格证明、肉类检验合格证明等证明文件，并核对收货数量与实际相符。

第五条　采购进口食品，应当向供货者索取入境货物检验检疫证明文件，并核对产品批次与实际一致。

第六条　采购有机食品、绿色食品，应当查验产品标签标识，索取产品认证证书，并妥善保存相关认证文件和各类证照原件或复印件，以备查验。

第七条　在接收冷藏冷冻食品时，应检查产品的温度及感官，不符合要求的应拒收。

第八条　对索取的票证要建立档案，并接受市场监督管理等有关部门监督检查。

七、食品贮存管理制度

第一条　贮存场所、容器、工具和设备应当安全、无害，保持清洁，设置纱窗、防鼠网、挡鼠板等有效防鼠、防虫、防蝇、防蟑螂设施，不得存放有毒、有害物品及个人生活用品。

第二条　按照食品标签标示的警示标志、警示说明或者注意事项的要求贮存食品。

第三条　食品贮存设专门区域，食品与非食品有适当的分隔措施、固定的存放位置和标识。贮存的食品应与墙壁、地面保持适当距离。

第四条　食品存放区域设置货位卡，如实记录食品名称、规格、生产日期、保质期、新进货日期和数量、存量数、记录人等实时信息。

第五条　食品应当分类、分架存放，并定期检查，使用应遵循先进先出的原则。

第六条　冷藏、冷冻柜（库）应有明显区分标识，设可正确指示温度的温度计，定期除霜、清洁和保养，保证设施正常运转，符合相应的温度范围要求。

第七条　冷藏、冷冻贮存应做到原料、半成品、成品严格分开，植物性食品、动物性食品和水产品分类摆放。不得将食品堆积、挤压存放。

第八条　散装食品应盛装于符合食品安全标准的容器内，在贮存位置标明食品的名称、生产日期、保质期、生产者名称及联系方式等内容。

第九条　除冷库外的库房应有良好的通风、防潮设施。

第十条　定期检查库存食品，设立专门的过期、变质食品存放区域或容器，并及时清理。

八、供应商管理制度

第一条　对供应商的资质进行审核。核查供应商是否持有合法有效的营业执照、许可证、相应的种养殖证明等证明材料。

第二条　对供应商的基地或加工厂实行检查，核查是否按照国家标准要求进行种植、养殖或组织生产，食品安全质量是否符合我国食品安全标准。根据实际情况撰写检查报告，并要求供应商在一定时间内整改完毕，在规定时间内未做处理或者处理不及时的，可进行淘汰。

第三条　供应商应具有符合食品储存要求的运输与配送能力。

第四条　供应商应确保货源供应充足，能满足超市日常供应需求。

第五条　供应商审查包含新增供应商的资质考核和已合作供应商的突击检查。

第六条　新增供应商的资质审查，包括对基地种植养殖情况、储运条件、执行标准、检测能力。对厂家的卫生状况、生产过程操作规范、工艺流程、检测设备及检测情况、证件及证照、企业标准等的检查。

第七条　已合作基地（厂家）的突击走访，根据季节性的不同，选择风险较高食品的生产厂家或基地进行实地检查。

九、不合格食品处置制度

第一条 及时处置不符合法律法规、国家标准和本单位食品安全管理要求的食品。

第二条 进货查验时发现不合格食品，应采取拒收、依据协议约定销毁等方式消除食品安全隐患。

第三条 进货查验后发现不合格食品，应立即停止经营，下架并设置专门区域封存，同时使用醒目标识加以区分。对标签标识等不危害食品安全的不合格食品，经市场监管部门同意，经整改合格后可以重新上市；对违法添加、腐败变质等严重危害人体健康的不合格食品，应当按照有关规定立即销毁。

第四条 对已经售出的不合格食品，应当采取有效措施告知消费者，并书面通知供货者，相关处置情况及时报告市场监管部门。

第五条 建立不合格食品处置档案，档案内容应当包括不合格食品的名称、规格、生产日期、数量以及处置的时间、方式、供货者名称和联系方式等信息，记录保存期限不得少于 2 年。

十、不安全食品召回及处理制度

第一条 发现经营的食品不符合食品安全标准或者有证据证明可能危害人体健康的，应当立即停止经营，通知相关生产经营者和消费者，并记录停止经营和通知情况。

第二条 知悉食品生产者召回不安全食品后，应当立即采取停止购进、销售，封存不安全食品，在经营场所醒目位置张贴生产者发布的召回公告等措施，配合食品生产者开展召回工作。

第三条 对因自身原因所导致的不安全食品，应当根据法律法规的规定在其经营的范围内主动召回。

召回不安全食品应当告知供货商。供货商应当及时告知生产者。

在召回通知或者公告中应当特别注明系因其自身的原因导致食品出现不安全问题。

第四条　应当依据法律法规的规定，对因停止生产经营、召回等原因退出市场的不安全食品采取补救、无害化处理、销毁等处置措施。

十一、食品安全突发事件应急处置制度

第一条　建立食品安全突发事件应急处置方案，由负责人或食品安全管理员具体负责食品安全突发事件应急处置工作。

第二条　食品安全突发事件发生时，应当立即停止相关食品的经营活动，对涉及的食品、工具、设备等进行封存，并自发现之时起2小时内向所在地市场监管部门报告，不得对食品安全突发事件隐瞒、谎报、缓报。

第三条　应当立即执行不合格食品处置管理制度，采取有效措施通知相关供货者和消费者，防止突发事件恶化。

第四条　应当积极配合市场监管部门的调查、取证工作，不得隐匿、伪造、毁灭有关证据。

第五条　建立食品安全突发事件应急处置台账，如实记录食品安全突发事件处置涉及的食品名称、批号、数量、生产厂家和联系方式、供货者名称和联系方式以及处置的方式和结果，记录保存期限不得少于2年。

十二、消费者投诉处理制度

第一条　服务台工作人员负责接待和处理顾客投诉，并公示投诉举报电话。

第二条　接待顾客投诉时，要态度诚恳、保持冷静、态度友善，避免争吵和辩论。

第三条　了解和记录顾客投诉原因和要求，以及顾客姓名、联系方式等，明确告知顾客需做调查及大致的等待时间。

第四条　调查应认真、客观，不推脱、搪塞，重要投诉应报告单位高层领导。调查清楚之后，应及时提出解决方法，并征求顾客对处理方法的意见。

第五条　顾客表示接受处理意见的，应向顾客表示感谢，顾客误解的，应委婉给予解释，消除误解。

第六条　对投诉内容应进行分析，对带有倾向性或者多次发生的问题要及时采取整改措施。

第七条　接到消费者投诉食品感官性状异常时，应及时核实。经核实确有异常的，应及时撤换，告知相关人员做好相应处理，并对同类食品进行检查。

第八条　顾客投诉发生疑似食物中毒的，应及时报告并配合市场监管部门做好调查。

附录 2

主要的食品安全管理记录表

表一 员工培训记录表

员工培训记录表

培训日期		培训时长	
培训地点		授课人员	
培训方式：□授课，□录像，□岗边培训，□其他			
培训内容：			
培训人员：			

表二 食品/食用农产品进货查验台账

食品/食用农产品进货查验台账

进货日期	品名	规格	数量	生产日期	保质期	供货商名称	供应商地址	联系方式	验收结果		验收人员
									标签	外观	

备注：《食品安全法》第五十三条：记录和凭证保存期限不得少于产品保质期满后六个月；没有明确保质期的，保存期限不得少于二年。进货凭证可以黏贴在台账背面。

表三　食品添加剂使用记录

食品添加剂使用记录

序号	使用日期	食品添加剂名称	生产者	生产日期	使用量（g）	功能（用途）	制作食品名称	制作食品量	使用人	备注

表四 设备维修保养记录

设备维修保养记录

设备名称	使用部门	维修情况			保养情况			维修人员签字
		报修日期	故障情况	处理情况	保养日期	设备状况	处理情况	

表五　温度检查记录表

温度检查记录表

日期	时间	显示温度	记录人	备注

表六　不合格品处理记录表

不合格品处理记录表

日期	产品名称	规格	生产企业	数量	生产日期	保质期	不合格原因	处理方式	记录人

备注：不合格品原因分类：1. 过期　2. 腐烂变质　3. 抽检不合格　4. 监管部门公示的不合格　5. 其他（具体备注说明）

表七 顾客投诉处理表

顾客投诉处理记录

日期		顾客姓名		联系方式	
投诉内容：					
处理意见：					
顾客反馈情况：					
投诉处理人签名		日期		客服受理人签字	日期
客服负责人/店长签字				日期	

表八　不安全食品召回记录

不安全食品召回记录

日期	产品名称	生产企业	规格	数量	生产日期	召回原因	处理方式	记录人

备注：

附录 3

超市食品安全基础管理指南培训考核试题

一、判断题（共 60 题）

1. 销售食用农产品，不需要取得食品经营许可。（　　）

2. 接触直接入口食品的销售者需每年办理健康证明。（　　）

3. 各地市场监督管理部门是落实食品安全主体责任的第一责任人。（　　）

4. 食品经营者应对其经营的食品安全负责。（　　）

5. 超市需配备专职或兼职的食品安全管理人员，明确其食品安全责任，落实岗位责任制。（　　）

6. 超市的食品安全管理人员经过培训后即可上岗。（　　）

7. 食品销售经营企业应当对员工进行食品安全知识培训，保证食品安全。（　　）

8. 生食与熟食等容易交叉污染的食品应采取适当的分隔措施，固定存放位置并明确标识。（　　）

9. 超市在经营过程中分装的食品，可以更改原有的生产日期和延长保质期。（　　）

10. 销售有温度控制要求的食品，应配备冷藏冷冻或加热等设备并保持正常运转。（　　）

11. 接触直接入口或不需清洗即可加工的散装食品时，应戴手套和帽子，口罩可以不用佩戴。（　　）

12. 制作生食海产品时可以不在专间操作。（　　）

13. 超市履行了进货查验等义务，有充分证据证明其不知道所采购的食品不符合食品安全标准，并能如实说明其进货来源，可以免予处罚。（　　）

14. 超市销售的进口预包装食品、食品添加剂不需要有中文标签和说明。（　　）

15. 食品安全国家标准是推荐执行的标准。食品生产经营单位可以根据需要选择遵守或不遵守。（　　）

16. 任何单位和个人不得对食品安全事故隐瞒、谎报、缓报，不得隐匿、伪造、毁灭有关证据。（　　）

17. 食品销售经营者可以出借、转让食品经营许可证给其他经营者。（　　）

18. 日常监督检查结果为不符合，有发生食品安全事故潜在风险时，食品销售经营者应当边整改边经营。（　　）

19. 实行统一配送经营方式的食品销售企业，可以由企业总部统一查验供货者的许可证和食品合格证明文件，进行食品进货查验。（　　）

20. 添加了食品添加剂的食品一定不安全。（　　）

21. 食品中可以添加药品。（　　）

22. 贮存的食品应与墙壁、地面保持适当距离。（　　）

23. 直接入口的食品应当使用无毒、清洁的包装材料和容器。（　　）

24. 采购进口食品应查验海关出具的入境货物检验检疫证明。（　　）

25. 超市可以采购没有标签的预包装食品，只要供货者能提供该食品的许可证、合格证明文件和供货凭证。（　　）

26. 冷冻食品原料不宜反复解冻、冷冻，宜用冷藏解冻或冷水解冻方法解冻。（　　）

27. 食品销售经营者应定期检查库存食品，及时清理变质或者超过保质期的食品。（　　）

28. 食品销售企业应当制订食品安全事故处置方案。（　　）

29. 现场制作加工时，可以用切过生肉的菜板切熟食。（　　）

30. 台湾地区、香港特别行政区进口的预包装食品可以用繁体中文标签。（　　）

31. 现制现售的食品当天没有销售完毕，可以回收加工标识第二天的生产日期后再次销售。（　　）

32. 现制现售所用的食品添加剂可以与其他辅料存放在一起。（　　）

33. 从事食品销售应具有与所销售的食品品种、数量相适应的生产设备或者设施，有相应的消毒、更衣、盥洗、采光、照明、通风、防腐、防尘、防蝇、防鼠、防虫、洗涤以及处理废水、存放垃圾和废弃物的设备或者设施。（　）

34. 销售场所布局合理，食品销售区域和非食品销售区域分开设置。（　）

35. 食品销售者应当在经营场所的显著位置公示营业执照、食品经营许可证、监督检查结果记录等信息。（　）

36. 食品贮存设专门区域，不得与有毒有害物品同库存放。（　）

37. 清洁剂、消毒剂、杀虫剂等物质应分别包装，明确标识，可以与食品及包装材料混放在一起。（　）

38. 销售场所布局合理，食品销售区域和非食品销售区域分开设置。（　）

39. 食品原料、食品加工容器具、清洁用具的清洗水池可以共用。（　）

40. 超市采购食品时只需查验供货者的许可证就可以。（　）

41. 销售散装食品，在散装食品的容器、外包装上表明食品的名称、生产日期或生产批号、保质期就可以。（　）

42. 销售婴幼儿配方乳粉销售、婴幼儿配方食品，应当设立提示牌，注明"××××销售专区（或专柜）"字样。（　）

43. 冬天销售羊肉时，可以宣传产品具有补中益气、治疗虚寒哮喘的功效。（　）

44. 进口食用农产品的包装标签应符合国家标准的要求，并载明原产地，境外代理商的名称、地址、联系方式。（　）

45. 保健食品、特殊医学用途配方食品的标签、说明书可以涉及疾病预防、治疗功能。（　）

46. 食品经营者对因自身原因所导致的不安全食品，应当根据法律法规的规定在其经营的范围内主动召回。（　）

47. 食品销售经营者对召回的食品只能采取销毁的措施。（　）

48. 动物性食品和水产品都是荤菜，可以一起存放，不会交叉污染。（　）

49. 食品不可以与化学品和杀虫剂一同贮存。（　）

50. 粗加工时，盛放动物性食品、植物性食品、水产品的容器可混合使用。（　）

51. 食品加工、贮存、陈列等设施设备应定期维护。（　　）

52. 加工蛋糕的裱花间内可以设置明沟。（　　）

53. 食品销售者不得采购来源不明、标识不清、感官性状异常的食用油。（　　）

54. 除保健食品外，特殊医学用途配方食品也可以声称具有保健功能。（　　）

55. 运输化肥农药的车辆经过清洗后可以运输食品。（　　）

56. 食品添加剂应注意专柜（位）存放食品添加剂，并标注"食品添加剂"字样，根据需要配置精确的计量工具。（　　）

57. 因食品安全犯罪被判处有期徒刑以上刑罚的，终身不得从事食品经营管理工作，也不得担任食品经营企业食品安全管理人员。（　　）

58. 聘用禁聘人员从事食品安全管理工作的食品经营企业，应吊销食品经营许可证。（　　）

59. 根据《超市食品安全基础管理操作指南》相关要求，超市食品安全管理人员每季度不少于 1 次按照操作指南对门店食品安全状况进行自查。（　　）

60. 根据《超市食品安全基础管理操作指南》相关要求，对自查、评估发现的问题，应逐项分析原因，并采取针对性措施加以改进。（　　）

二、单选题（共 50 题）

1. 有关食品安全的正确表述是（　　）。

A. 经过灭菌，食品中不含有任何细菌

B. 食品无毒、无害，符合应有的营养要求，对人体健康不造成任何急性、亚急性或者慢性危害

C. 含有食品添加剂的食品一定是不安全的

D. 食品即使超过了保质期，但外观、口感正常仍是安全的

2. 国家对食品生产经营实行许可制度，从事食品销售的，应当依法取得（　　）。

A. 食品销售许可　　　　　　　B. 食品生产许可

C. 食品运输许可　　　　　　　D. 食品经营许可

3. 食品经营许可证有效期是（   ）年？

A. 3 年   B. 4 年   C. 5 年   D. 6 年

4. 食品经营企业应配备专职或兼职（   ），经过培训和考核合格后上岗。

A. 食品安全管理人员   B. 食品检验人员

C. 食品销售人员   D. 食品采购人员

5. 食品经营者采购食品，应当查验供货者的许可证和（   ）。

A. 身份证   B. 健康证

C. 食品卫生许可证   D. 合格证明文件

6. 进口食品的入境货物检验检疫证明是由（   ）出具。

A. 海关   B. 市场监督管理局

C. 工商局   D. 质量技术监督管理局

7. 进口食品的包装或者标签应当符合我国法律、行政法规的规定和食品安全国家标准的要求，并载明原产地、（   ）的名称、地址、联系方式。

A. 境外代理商   B. 境外生产商   C. 境内代理商   D. 境内生产商

8. 食用农产品销售者应当建立食用农产品进货查验记录制度，如实记录食用农产品的名称等内容，并保存相关凭证。记录和凭证保存期限不得少于（   ）。

A. 三个月   B. 六个月   C. 一年   D. 两年

9. 裱花间等专间的温度应不高于（   ）。

A. 30 ℃   B. 20 ℃   C. 25 ℃   D. 15 ℃

10. 专间使用紫外线灯消毒空气的，应在无人工作时开启（   ）分钟以上。

A. 10   B. 15   C. 20   D. 30

11. 使大多数细菌能够快速生长繁殖的温度范围是（   ）。

A. 15℃ ~ 0℃   B. 0℃ ~ 9℃   C. 8℃ ~ 60℃   D. 61℃ ~ 70℃

12. 根据有关保健食品标签、说明书管理的规定，下列说法错误的是（   ）。

A. 保健食品标签、说明书应与注册或者备案的内容相一致

B. 保健食品标签、说明书应载明适宜人群、不适宜人群、功效成分或者

标志性成分及其含量

C. 保健食品标签、说明书的内容可以涉及疾病预防功能，内容应当真实、科学可靠

D. 保健食品标签、说明书应声明"本品不能代替药物"

13. 预包装食品包装上应当有标签，标签应当标明（　　）。

A. 名称、规格、净含量、生产日期；成分或者配料表；生产者名称、地址、联系方式

B. 保质期；产品标准代号；贮存条件

C. 所使用的食品添加剂在国家标准中的通用名称

D. 以上都是

14. 被吊销许可证的食品生产经营者及其法定代表人、直接负责的主管人员和其他直接责任人员自处罚决定作出之日起（　　）内不得申请食品生产经营许可、或者从事食品生产经营管理工作、担任食品生产经营企业食品安全管理人员。

A.5 年　　　　　　B.4 年　　　　　　C.3 年　　　　　　D.10 年

15. 食品广告的内容应当真实合法，不得含有虚假、夸大的内容，不得涉及（　　）。

A. 营养成分宣称　　　　　　B. 产品标准代号

C. 疾病预防、治疗功能　　　D. 明星代言

16. 保健食品是指声称具有特定保健功能或者以补充维生素、矿物质为目的的食品，适宜特定人群食用，具有调节机体功能，不以治疗疾病为目的，不能替代药品。识别正规保健食品时，应注意识别外包装上是否有以下哪种标识的图案？（　　）

A. QS　　　　　B."蓝帽子"　　　C."红帽子"　　　D. 条形码

17.《中华人民共和国食品安全法》规定国家建立食品召回制度。食品生产者发现其生产的食品出现以下哪类情况，应当立即停止生产，召回已经上市销售的食品，通知相关生产经营者和消费者，并记录召回和通知情况（　　）。

A. 不符合食品安全标准　　　　B. 技术明显落后于业界水平

C. 食品口感受到公众质疑　　　D. 食品严重滞销

18. 以下有关食品添加剂的表述，正确的是（　　）。

A. 天然食品添加剂比人工化学合成食品添加剂更安全

B. 食品添加剂对身体有害，应该一概禁止使用

C. 三聚氰胺、苏丹红、"瘦肉精"都是食品非法添加物，根本不是食品添加剂

D. 食品生产加工过程中，添加剂的使用量可以随意添加

19. 需要烧熟烧透的食品，应保证其产品中心温度在（　　）以上。

A.60℃　　　　　　B.50℃　　　　　　C.70℃　　　　　　D.80℃

20. 直接食用的熟食在室温下存放最好不要超过（　　）。

A.1 小时　　　　　　B.2 小时　　　　　　C.3 小时　　　　　　D.4 小时

21. 出售或者运输的动物、动物产品经以下哪个单位的官方兽医检疫合格，并取得动物检疫合格证明后，方可离开产地？（　　）

A. 工商部门　　　　　　　　　　B. 卫生部门

C. 动物卫生监督机构　　　　　　D. 质量技术监督部门

22. 以下避免熟食品受到各种病原菌污染的措施中错误的是（　　）。

A. 接触直接入口食品的人员经常洗手但不消毒

B. 保持食品加工操作场所清洁

C. 避免昆虫、鼠类等动物接触食品

D. 避免生食品与熟食品接触

23.《中华人民共和国食品安全法》规定，食品生产经营用水应当符合国家规定的（　　）。

A. 生活饮用水标准　　　　　　B. 工业用水标准

C. 蒸馏水标准　　　　　　　　D. 纯净水标准

24. 食品生产经营者销售的预包装食品的包装上应当有标签，以下关于标签表述不正确的是（　　）。

A. 标签不得含有虚假、夸大的内容

B. 标签不得涉及疾病预防、治疗功能

C. 标签应当清楚、明显，容易辨识

D. 标签应该突出表明功效

25. 根据食品安全法实施条例相关要求,( )应当落实企业食品安全管理制度,对本企业的食品安全工作全面负责。

A. 企业的投资者   B. 企业的股东

C. 企业的主要负责人   D. 企业的一般食品安全管理人员

26. 关于食品召回制度,以下表述错误的是( )。

A. 食品生产者发现其生产的食品不符合食品安全标准或者有证据证明可能危害人体健康的,应当立即停止生产,召回已经上市销售的食品

B. 食品生产经营者未依照食品召回制度的规定召回或者停止经营的,县级以上人民政府食品安全监督管理部门可以责令其召回或者停止经营

C. 对因标签、标志或者说明书不符合食品安全标准而被召回的食品,一律进行无害化处理或销毁

D. 食品生产经营者应当将食品召回和处理情况向所在地县级人民政府食品安全监督管理部门报告;需要对召回的食品进行无害化处理、销毁的,应当提前报告时间、地点

27. 以下哪一项行为属于食品经营者不规范行为? ( )

A. 按照食品标签标示的警示说明要求销售食品

B. 按照食品标签标示的注意事项要求销售食品

C. 当食品标签标示的注意事项要求与自己的经验不符时,按自己的经验销售食品

D. 按照食品标签标示的贮存条件销售食品

28. 超市应当将食品安全监管部门张贴的日常监督检查结果记录表保持( )。

A. 到下次监督检查时   B. 3 个月

C. 6 个月   D. 2 个月

29. 下列加工制作可以在专用操作区内进行的是( )。

A. 生食类食品   B. 裱花蛋糕

C. 所有冷食类食品   D. 现榨果蔬汁、果蔬拼盘

30. 关于食品贮存、运输的做法不正确的是( )。

A. 装卸食品的容器、工具、设备应当安全、无毒无害、保持清洁

B. 防止食品在储存、运输过程中受到污染

C. 食品贮存、运输温度符合食品安全要求

D. 将食品与有毒有害物品一起运输

31. 预包装食品标签通则是指（　　）。

A. GB 31621　　　　B. GB 28050　　　　C. GB 7718　　　　D. GB 2760

32. GB 28050 是指（　　）。

A. 预包装食品标签通则　　　　　　B. 预包装食品营养标签通则

C. 食品经营卫生规范　　　　　　　D. 食品添加剂使用标准

33. 下列食品包装标签上不需要标识 SC 编号的是（　　）。

A. 小麦粉、大米　　　　　　　　　B. 酱油、食醋

C. 冷冻饮品、速冻米面制品　　　　D. 西餐厅自制糕点、超市自制馒头

34. 超过保质期的食品（　　）。

A. 可继续销售　　　　　　　　　　B. 可降价销售

C. 可作为原料用于食品加工　　　　D. 不能销售

35. 下列哪项食品不属于被禁止生产经营？（　　）

A. 使用食品添加剂加工制作的　　　B. 以有毒有害动、植物为原料的

C. 以废弃食用油脂加工制作的　　　D. 以回收食品为原料的

36. 在我国销售进口的食品、食品添加剂以及食品相关产品应当符合（　　）。

A. 出口国食品安全国家标准　　　　B. 我国国家食品安全标准

C. 美国食品安全标准　　　　　　　D. 双方约定的标准

37. 食品生产经营者应当依照《中华人民共和国食品安全法》的规定，建立（　　），保证食品可追溯。

A. 食品信息化系统　　　　　　　　B. 食品网络销售体系

C. 食品安全追溯体系　　　　　　　D. 食品反馈体系

38. 食品生产经营者应当（　　）制度，定期对食品安全状况进行检查评价。生产经营条件发生变化，不再符合食品安全要求的，食品生产经营者应当立即采取整改措施。

A. 建立食品销售　　　　　　　　　B. 建立食品进货

C. 建立食品安全自查   D. 建立食品许可

39. 特殊销售区域应当设立提示牌，注明"××××销售专区（或专柜）"字样，提示牌为（   ）。

A. 绿底白字   B. 白底绿字

C. 白底黑字   D. 白底红字

40.《中华人民共和国食品安全法实施条例》规定，故意实施违法行为，或违法行为性质恶劣，或违法行为造成严重后果，对单位的法定代表人、主要负责人、直接负责的主管人员和其他直接责任人员可以处以其上一年度从本单位取得收入的最高（   ）罚款。

A. 5 倍   B. 10 倍   C. 20 倍   D. 30 倍

41. 食品生产经营企业的（   ）应当协助企业主要负责人做好食品安全管理工作。

A. 食品安全管理人员   B. 采购人员

C. 生产管理人员   D. 检验人员

42. 关于食品经营企业的场所布局及设备设施描述，以下描述错误的是（   ）。

A. 食品销售、贮存场所环境整洁，有良好的通风、排气装置

B. 食品销售、贮存场所与生活区分（隔）开

C. 食品销售区域和非食品销售区域不用分开设置

D. 食品贮存设专门区域，不得与有毒有害物品同库存放

43. 关于食品经营企业的容器、加工用具、废弃物管理描述，以下描述错误的是（   ）。

A. 贮存、装卸食品的容器、工具和设备应当安全、无害

B. 直接入口的食品应当使用无毒、清洁的包装材料和容器

C. 食品加工容器具、清洁用具的清洗水池不用分开

D. 废弃物存放容器应配有盖子，并有明显的区分标识

44. 散装食品贮存时，可以不标明以下哪项内容？（   ）

A. 食品的名称   B. 配料信息

C. 生产日期　　　　　　　　D. 保质期

45. 关于食品贮存、运输的做法不正确的是（　　）。

A. 装卸食品的容器、工具、设备应安全、无毒无害、保持清洁

B. 防止食品在储存、运输过程中受到污染

C. 食品贮存、运输温度符合食品安全要求

D. 将食品与有毒有害物品一起运输

46. 以下关于食品贮存描述错误的是（　　）。

A. 食品贮存应做到离地离墙存放

B. 仓库内贮存的食品应注意防蝇、防虫、防鼠

C. 食品贮存过程应注意通风、防潮

D. 清洁用品、消毒用品可以和食品同时存放在一起。

47. 以下关于进货查验，描述正确的是（　　）。

A. 食品经营者采购食品时，查验供货者的许可证即可

B. 实行统一配送销售方式的超市，可以由总部统一建立进货查验记录制度

C. 由于食用农产品的特殊性，经营者进货查验查验时，不用保留进货凭证

D. 食品经营者采购生猪产品时，按规定查验动物检疫合格证明即可。

48. 下列加工制作不可以在专用操作区内进行的是（　　）。

A. 裱花蛋糕

B. 仅加工制作植物性冷食类食品（不含非发酵豆制品）

C. 调制供消费者直接食用的调味料

D. 现榨果蔬汁

49. 以下关于食品销售描述错误的是（　　）。

A. 大型超市应设立临近保质期食品专柜（区），向消费者作出醒目的"临近保质期食品"提示

B. 销售有温度控制要求的食品，应配备相应的冷藏冷冻或加热等设备设施

C. 保健食品不得与普通食品混放销售，可与药品混放销售

D. 特殊医学用途配方食品中的特定全营养配方食品应当通过医疗机构或者药品零售企业向消费者销售

50. 以下没有被国家列入特殊食品范畴实行严格监督管理的是（　　）。

A. 保健食品　　　　　　　　B. 婴幼儿配方乳粉

C. 特殊医学用途配方食品　　D. 蜂蜜

三、多选题（共40题）

1. 在中华人民共和国境内从事（　　）活动应当遵守《中华人民共和国食品安全法》。

A. 食品添加剂的生产经营　　B. 食品贮存和运输

C. 食品生产、经营　　　　　D. 食品相关产品的生产经营

2. 食品经营企业采购生猪产品时，需查验以下哪些合格证明文件？（　　）

A. 动物检疫合格证明　　　　B. 肉品品质检验合格证明

C. 非洲猪瘟检测结果（报告）　D. 生猪养殖信息

3. 患有国务院卫生行政部门规定的以下哪些有碍食品安全疾病的人员，不得从事接触直接入口食品的工作？（　　）

A. 霍乱　　　　　　　　　　B. 伤寒和副伤寒

C. 病毒性肝炎（甲型、戊型）　D. 哮喘

E. 化脓性或者渗出性皮肤病

4. 以下不属于食品添加剂的是（　　）。

A. 山梨酸钾　　　　　　　　B. 苏丹红

C. 三聚氰胺　　　　　　　　D. 孔雀石绿

5. 根据有关食品生产经营基本条件的规定和要求，下列表述错误的是（　　）。

A. 经领导批准，食品生产经营者根据实际情况，可缩小食品生产经营场所与有毒、有害场所以及其他污染源的规定距离

B. 必须有专职的食品安全管理人员和食品安全专业技术人员

C. 用水应当符合国家规定的工业用水卫生标准

D. 使用的洗涤剂、消毒剂应当对人体安全、无害

6. 根据《中华人民共和国食品安全法》的规定，下列属于禁止生产经营的是（　　）。

A. 用非食品原料生产的食品或者添加食品添加剂以外的化学物质和其他可能危害人体健康物质的食品

B. 在缺碘地区生产经营不含碘的食盐

C. 被包装材料、容器、运输工具等污染的食品、食品添加剂

D. 无标签的食品添加剂

7. 以下哪些是《食用农产品市场销售质量安全监督管理办法》禁止销售的食用农产品？（　　）

A. 使用国家禁止的兽药和剧毒、高毒农药，或者添加食品添加剂以外的化学物质和其他可能危害人体健康的物质的食用农产品

B. 超范围、超限量使用食品添加剂的食用农产品

C. 病死、毒死或者死因不明的禽、畜、兽、水产动物肉类

D. 标注虚假生产日期、保质期或者超过保质期的食用农产品

8. 生产经营的食品中不得添加（　　）。

A. 中药饮片　　　　　　　　B. 按照传统既是食品又是中药材的物质

C. 中成药　　　　　　　　　D. 西药

9. 食品经营者贮存散装食品，应当在贮存位置标明下列哪些内容？（　　）

A. 食品的名称　　　　　　　B. 食品保质期

C. 生产日期或者生产批号　　D. 生产者名称及联系方式

10. 某超市发现其经营的"H 牌"饼干不符合食品安全标准，应采取的措施包括哪些？（　　）

A. 立即停止经营该品牌饼干

B. 通知该品牌饼干生产商和消费者

C. 如由于超市自身原因导致该产品不符合食品安全标准的，立即召回

D. 记录停止经营和通知情况

11. 下列食品中，哪些属于《中华人民共和国食品安全法》中国家实行严格监督管理的特殊食品？（　　）

A. 保健食品　　　　　　　　B. 特殊医学用途配方食品

C. 婴幼儿配方食品　　　　　D. 食用油

12. 食用农产品销售者应当建立食用农产品进货查验记录制度，如实记录食用农产品的以下哪些内容，并保存相关凭证？（　　）

A. 名称和数量　　　　　　　　B. 进货日期

C. 生产批号　　　　　　　　　D. 供货者名称、地址、联系方式

13. 食品经营企业应当建立食品进货查验记录制度，如实记录以下哪些内容？（　　）

A. 食品的名称、规格、数量　　B. 生产日期或生产批号

C. 食用方法、注意事项　　　　D. 供货者名称及联系方式、进货日期

14. 食品经营者贮存散装食品，应当在贮存位置标明下列哪些内容？（　　）

A. 食品的名称　　　　　　　　B. 食品保质期

C. 生产日期或者生产批号　　　D. 生产者名称及联系方式

15. 对于转基因食品，下列表述错误的是（　　）。

A. 国家强制性要求生产经营者对转基因食品进行显著标示

B. 国家鼓励但不强制性要求生产经营者对转基因食品进行显著标示

C. 转基因食品无须进行特别标示

D. 生产经营转基因食品应当按照《农业转基因生物安全管理条例》及其配套规定进行显著标示

16. 下列哪 些预包装食品可以免除标示保质期？（　　）

A. 酒精度为 37% 的白酒　　　B. 食醋

C. 食用盐　　　　　　　　　　D. 固态食糖

E. 味精

17. 销售未包装的食用农产品，应当在摊位（柜台）明显位置如实公布（　　）。

A. 食用农产品名称

B. 产地

C. 生产者或者销售者名称或者姓名等信息

D. 生产日期

18. 分装销售的进口食用农产品，应当在包装上保留（　　）。

A. 原进口食用农产品全部信息　　B. 分装企业

C. 分装时间、地点、　　　　　　　D. 保质期

19. 销售获得（　　）认证以及省级以上农业行政部门的其他需要包装销售的食用农产品的应当包装，并标注相应标志和发证机构，鲜活畜、禽、水产品等除外。

A. 地理标志　　　　　　　　　　B. 绿色食品

C. 有机农产品　　　　　　　　　D.ISO9001

20. 预包装食品的包装上应当有标签，标签应当标明下列事项哪些？（　　）

A. 名称、规格、净含量、生产日期

B. 所使用的食品添加剂在国家标准中的通用名称

C. 生产者的名称、地址、联系方式

D. 生产许可证编号

21. 现制现售加工人员在出现以下哪些情况时，需要及时洗手然后再进行加工活动？（　　）

A. 进入操作间开始加工前　　　　B. 倒完垃圾

C. 咳嗽、打喷嚏及擤鼻涕后　　　D. 使用卫生间后

22. 关于超市销售场所的布局，以下描述正确的是（　　）。

A. 食品销售区域和非食品销售区域分开设置

B. 生食区域和熟食区域分开

C. 待加工食品区域与直接入口食品区域分开

D. 经营水产品的区域与其他食品经营区域分开

23. 下列哪种情形不符合从业人员个人卫生要求？（　　）

A. 未经更衣洗手直接进入加工间

B. 将私人物品带入食品处理区

C. 在食品处理区内吸烟、饮食

D. 专间操作人员留长指甲

24. 以下关于专间的描述，哪些是正确的？（　　）

A. 专间内无明沟，地漏带水封。食品传递窗为开闭式，其他窗封闭

B. 专间门采用易清洗、不吸水的坚固材质，能够自动关闭

C. 专间内设有独立的空调设施、工具等清洗消毒设施、专用冷藏设施、温度监测装置和与专间面积相适应的空气消毒设施

D. 专间入口处设置洗手、消毒、干手、更衣设施

25. 以下哪些食品，必须在专间内加工？（　　）

A. 生食类水产品　　　　　　B. 裱花蛋糕

C. 冷荤类凉菜　　　　　　　D. 现榨果蔬汁

26. 散装熟食销售须配备以下哪些设施？（　　）

A. 具有加热或冷藏功能的密闭立体售卖熟食柜

B. 专用工用具及容器

C. 设可开合的取物窗（门）

D. 空气消毒设施

27. 完整的洗手设施包括以下哪些内容？（　　）

A. 洗手水池、水龙头　　　　B. 洗手液

C. 消毒液　　　　　　　　　D. 干手设施

E. 洗手流程图

28. 加工制作现榨果蔬汁、食用冰等的用水，应使用下列哪种水？（　　）

A. 预包装饮用水

B. 使用符合相关规定的水净化设备或设施处理后的直饮水

C. 煮沸冷却后的生活饮用水

D. 自来水

29. 不同类型的食品原料、不同存在形式的食品（原料、半成品、成品，下同）应分开存放，其盛放容器和加工制作工具应做到（　　）。

A. 分类管理　　　　　　　　B. 分开使用

C. 随意存放　　　　　　　　D. 定位存放

30. 根据《中华人民共和国食品安全法实施条例》的相关要求，超市应当对以下哪些食品进行显著标示或者单独存放在有明确标志的场所，及时采取无害化处理、销毁等措施并如实记录？（　　）

A. 变质食品　　　　　　　　B. 过保质期的食品

C. 回收食品　　　　　　　　D. 临近保质期的食品

31. 食品经营者在同时符合（　　）条件时，可以免予处罚，但应当依法没收其不符合食品安全标准的食品；造成人身、财产或者其他损害的，依法承担赔偿责任。

A.《中华人民共和国食品安全法》规定的进货查验等义务

B. 有充分证据证明其不知道所采购的食品不符合食品安全标准

C. 能如实说明其进货来源

D. 提供食品安全自查报告

32. 保健食品的标签、说明书不得涉及疾病预防、治疗功能，内容应当真实，与注册或者备案的内容相一致，载明以下哪些信息？（　　）

A. 适宜人群

B. 不适宜人群

C. 功效成分或者标志性成分及其含量

D. 声明"本品不能代替药物"

33. 食品经营许可证上经营项目包括食品销售类和食品制售类，其中食品销售类包括以下哪些？（　　）

A. 预包装食品销售　　　　　　B. 散装食品销售

C. 特殊食品销售　　　　　　　D. 其他类食品销售

34. 申请（　　）销售的，应当在经营场所划定专门的区域或柜台、货架摆放、销售。

A. 保健食品　　　　　　　　　B. 特殊医学用途配方食品

C. 婴幼儿配方乳粉　　　　　　D. 冷鲜乳制品

35. 下列关于保健食品的说法，正确的是（　　）。

A. 保健食品对人体健康有益，人人都应服用保健食品

B. 保健食品对人体具有特定的保健功能，不能代替药物的治疗作用

C. 所有保健食品都有调节免疫、延缓衰老、改善记忆等功能

D. 保健食品需要经过注册或备案

36.特殊医学用途配方食品中的特定全营养配方食品应当通过以下哪些渠道向消费者销售？（　　）

A.医院　　　　　　　　　B.药店

C.食品超市　　　　　　　D.农贸市场

37.下列关于超市销售进口预包装食品的标签和说明书的描述，正确的是（　　）。

A.进口的预包装食品应当有中文标签或中文说明书

B.中文标签或中文说明书应载明食品的原产地以及境内代理商的名称、地址、联系方式

C.中文标签或中文说明书应符合进口食品生产国的法律法规

D.应当符合《中华人民共和国食品安全法》以及我国其他有关法律、行政法规的规定和食品安全国家标准的要求

38.裱花蛋糕制作人员进入裱花蛋糕制作专间应（　　）。

A.双手清洗消毒　　　　　B.更换专间专用工作衣帽

C.佩戴口罩　　　　　　　D.操作过程中适时消毒双手

39.禁止将下列哪些产品作为食盐销售？（　　）

A.液体盐（含天然卤水）

B.工业用盐和其他非食用盐

C.利用盐土、硝土或者工业废渣、废液制作的盐

D.利用井矿盐卤水熬制的盐

40.根据《超市食品安全基础管理操作指南》相关要求，超市每季度不少于1次对食品安全状况进行检查评价并对自查发现的问题进行记录。评价内容包括:（　　）。

A.是否执行食品安全管理制度

B.是否落实食品安全管理措施

C.是否根据法律、法规、标准等最新要求及时调整管理内容

D.监督管理部门检查或第三方机构评审发现的问题是否得到纠正

E.消费者关于食品安全的投诉是否得到妥善处理

附 答 案

一、判断题

1.√　2.√　3.×　4.√　5.√　6.×　7.√　8.√　9.×　10.√

11.×　12.×　13.√　14.×　15.×　16.√　17.×　18.×　19.√　20.×

21.×　22.√　23.√　24.√　25.×　26.√　27.√　28.√　29.×　30.×

31.×　32.×　33.√　34.√　35.√　36.√　37.×　38.√　39.×　40.×

41.×　42.√　43.×　44.×　45.×　46.√　47.×　48.×　49.√　50.×

51.√　52.×　53.√　54.×　55.×　56.√　57.√　58.√　59.√　60.√

二、单选题

1.B　2.D　3.C　4.A　5.D　6.A　7.C　8.B　9.C　10.D

11.C　12.C　13.D　14.A　15.C　16.B　17.A　18.C　19.C　20.B

21.C　22.A　23.A　24.D　25.C　26.C　27.C　28.A　29.D　30.D

31.C　32.B　33.D　34.D　35.A　36.B　37.C　38.C　39.A　40.B

41.A　42.C　43.C　44.B　45.D　46.D　47.B　48.A　49.C　50.D

三、多选题

1.ABCD　2.ABC　3.ABCE　4.BCD　5.ABC　6.ABCD　7.ABCD

8.ACD　9.ABCD　10.ABCD　11.ABC　12.ABD　13.ABD　14.ABCD

15.BC　16.ABCDE　17.ABC　18.ABCD　19.BC　20.ABCD　21.ABCD

22.ABCD　23.ABCD　24.ABCD　25.ABC　26.ABC　27.ABCDE　28.ABC

29.ABD　30.ABC　31.ABC　32.ABCD　33.BD　34.ABC　35.BD

36.AB　37.ABD　38.ABCD　39.ABCD　40.ABCDE

附录 4

中华人民共和国食品安全法

（2009 年 2 月 28 日第十一届全国人民代表大会常务委员会第七次会议通过 2015 年 4 月 24 日第十二届全国人民代表大会常务委员会第十四次会议修订 根据 2018 年 12 月 29 日第十三届全国人民代表大会常务委员会第七次会议《关于修改〈中华人民共和国产品质量法〉等五部法律的决定》第一次修正 根据 2021 年 4 月 29 日第十三届全国人民代表大会常务委员会第二十八次会议《关于修改〈中华人民共和国道路交通安全法〉等八部法律的决定》第二次修正）

第一章 总 则

第一条 为了保证食品安全，保障公众身体健康和生命安全，制定本法。

第二条 在中华人民共和国境内从事下列活动，应当遵守本法：

（一）食品生产和加工（以下称食品生产），食品销售和餐饮服务（以下称食品经营）；

（二）食品添加剂的生产经营；

（三）用于食品的包装材料、容器、洗涤剂、消毒剂和用于食品生产经营的工具、设备（以下称食品相关产品）的生产经营；

（四）食品生产经营者使用食品添加剂、食品相关产品；

（五）食品的贮存和运输；

（六）对食品、食品添加剂、食品相关产品的安全管理。

供食用的源于农业的初级产品（以下称食用农产品）的质量安全管理，遵守《中华人民共和国农产品质量安全法》的规定。但是，食用农产品的市场销售、有关质量安全标准的制定、有关安全信息的公布和本法对农业投入品作出规定的，应当遵守本法的规定。

第三条 食品安全工作实行预防为主、风险管理、全程控制、社会共治，建立科学、严格的监督管理制度。

第四条　食品生产经营者对其生产经营食品的安全负责。

食品生产经营者应当依照法律、法规和食品安全标准从事生产经营活动，保证食品安全，诚信自律，对社会和公众负责，接受社会监督，承担社会责任。

第五条　国务院设立食品安全委员会，其职责由国务院规定。

国务院食品安全监督管理部门依照本法和国务院规定的职责，对食品生产经营活动实施监督管理。

国务院卫生行政部门依照本法和国务院规定的职责，组织开展食品安全风险监测和风险评估，会同国务院食品安全监督管理部门制定并公布食品安全国家标准。

国务院其他有关部门依照本法和国务院规定的职责，承担有关食品安全工作。

第六条　县级以上地方人民政府对本行政区域的食品安全监督管理工作负责，统一领导、组织、协调本行政区域的食品安全监督管理工作以及食品安全突发事件应对工作，建立健全食品安全全程监督管理工作机制和信息共享机制。

县级以上地方人民政府依照本法和国务院的规定，确定本级食品安全监督管理、卫生行政部门和其他有关部门的职责。有关部门在各自职责范围内负责本行政区域的食品安全监督管理工作。

县级人民政府食品安全监督管理部门可以在乡镇或者特定区域设立派出机构。

第七条　县级以上地方人民政府实行食品安全监督管理责任制。上级人民政府负责对下一级人民政府的食品安全监督管理工作进行评议、考核。县级以上地方人民政府负责对本级食品安全监督管理部门和其他有关部门的食品安全监督管理工作进行评议、考核。

第八条　县级以上人民政府应当将食品安全工作纳入本级国民经济和社会发展规划，将食品安全工作经费列入本级政府财政预算，加强食品安全监督管理能力建设，为食品安全工作提供保障。

县级以上人民政府食品安全监督管理部门和其他有关部门应当加强沟通、密切配合，按照各自职责分工，依法行使职权，承担责任。

第九条　食品行业协会应当加强行业自律，按照章程建立健全行业规范和奖惩机制，提供食品安全信息、技术等服务，引导和督促食品生产经营者依法生产经营，推动行业诚信建设，宣传、普及食品安全知识。

消费者协会和其他消费者组织对违反本法规定，损害消费者合法权益的行为，依法进行社会监督。

第十条　各级人民政府应当加强食品安全的宣传教育，普及食品安全知识，鼓励社会组织、基层群众性自治组织、食品生产经营者开展食品安全法律、法规以及食品安全标准和知识的普及工作，倡导健康的饮食方式，增强消费者食品安全意识和自我保护能力。

新闻媒体应当开展食品安全法律、法规以及食品安全标准和知识的公益宣传，并对食品安全违法行为进行舆论监督。有关食品安全的宣传报道应当真实、公正。

第十一条　国家鼓励和支持开展与食品安全有关的基础研究、应用研究，鼓励和支持食品生产经营者为提高食品安全水平采用先进技术和先进管理规范。

国家对农药的使用实行严格的管理制度，加快淘汰剧毒、高毒、高残留农药，推动替代产品的研发和应用，鼓励使用高效低毒低残留农药。

第十二条　任何组织或者个人有权举报食品安全违法行为，依法向有关部门了解食品安全信息，对食品安全监督管理工作提出意见和建议。

第十三条　对在食品安全工作中做出突出贡献的单位和个人，按照国家有关规定给予表彰、奖励。

第二章　食品安全风险监测和评估

第十四条　国家建立食品安全风险监测制度，对食源性疾病、食品污染以及食品中的有害因素进行监测。

国务院卫生行政部门会同国务院食品安全监督管理等部门，制定、实施国家食品安全风险监测计划。

国务院食品安全监督管理部门和其他有关部门获知有关食品安全风险信息后，应当立即核实并向国务院卫生行政部门通报。对有关部门通报的食品安全风险信息以及医疗机构报告的食源性疾病等有关疾病信息，国务院卫生行政部门应当会同国务院有关部门分析研究，认为必要的，及时调整国家食品安全风险监测计划。

省、自治区、直辖市人民政府卫生行政部门会同同级食品安全监督管理等部门，根据国家食品安全风险监测计划，结合本行政区域的具体情况，制定、调整本行政区域的食品安全风险监测方案，报国务院卫生行政部门备案并实施。

第十五条 承担食品安全风险监测工作的技术机构应当根据食品安全风险监测计划和监测方案开展监测工作，保证监测数据真实、准确，并按照食品安全风险监测计划和监测方案的要求报送监测数据和分析结果。

食品安全风险监测工作人员有权进入相关食用农产品种植养殖、食品生产经营场所采集样品、收集相关数据。采集样品应当按照市场价格支付费用。

第十六条 食品安全风险监测结果表明可能存在食品安全隐患的，县级以上人民政府卫生行政部门应当及时将相关信息通报同级食品安全监督管理等部门，并报告本级人民政府和上级人民政府卫生行政部门。食品安全监督管理等部门应当组织开展进一步调查。

第十七条 国家建立食品安全风险评估制度，运用科学方法，根据食品安全风险监测信息、科学数据以及有关信息，对食品、食品添加剂、食品相关产品中生物性、化学性和物理性危害因素进行风险评估。

国务院卫生行政部门负责组织食品安全风险评估工作，成立由医学、农业、食品、营养、生物、环境等方面的专家组成的食品安全风险评估专家委员会进行食品安全风险评估。食品安全风险评估结果由国务院卫生行政部门公布。

对农药、肥料、兽药、饲料和饲料添加剂等的安全性评估，应当有食品安全风险评估专家委员会的专家参加。

食品安全风险评估不得向生产经营者收取费用，采集样品应当按照市场价格支付费用。

第十八条 有下列情形之一的，应当进行食品安全风险评估：

（一）通过食品安全风险监测或者接到举报发现食品、食品添加剂、食品相关产品可能存在安全隐患的；

（二）为制定或者修订食品安全国家标准提供科学依据需要进行风险评估的；

（三）为确定监督管理的重点领域、重点品种需要进行风险评估的；

（四）发现新的可能危害食品安全因素的；

（五）需要判断某一因素是否构成食品安全隐患的；

（六）国务院卫生行政部门认为需要进行风险评估的其他情形。

第十九条 国务院食品安全监督管理、农业行政等部门在监督管理工作中发现需要进行食品安全风险评估的，应当向国务院卫生行政部门提出食品安全风险评估的建议，并提供风险来源、相关检验数据和结论等信息、资料。属于本法第十八条规定情形的，国务院卫生行政部门应当及时进行食品安全风险评估，并向国务院有关部门通报评估结果。

第二十条 省级以上人民政府卫生行政、农业行政部门应当及时相互通报食品、食用农产品安全风险监测信息。

国务院卫生行政、农业行政部门应当及时相互通报食品、食用农产品安全风险评估结果等信息。

第二十一条 食品安全风险评估结果是制定、修订食品安全标准和实施食品安全监督管理的科学依据。

经食品安全风险评估，得出食品、食品添加剂、食品相关产品不安全结论的，国务院食品安全监督管理等部门应当依据各自职责立即向社会公告，告知消费者停止食用或者使用，并采取相应措施，确保该食品、食品添加剂、食品相关产品停止生产经营；需要制定、修订相关食品安全国家标准的，国务院卫生行政部门应当会同国务院食品安全监督管理部门立即制定、修订。

第二十二条 国务院食品安全监督管理部门应当会同国务院有关部门，

根据食品安全风险评估结果、食品安全监督管理信息，对食品安全状况进行综合分析。对经综合分析表明可能具有较高程度安全风险的食品，国务院食品安全监督管理部门应当及时提出食品安全风险警示，并向社会公布。

第二十三条　县级以上人民政府食品安全监督管理部门和其他有关部门、食品安全风险评估专家委员会及其技术机构，应当按照科学、客观、及时、公开的原则，组织食品生产经营者、食品检验机构、认证机构、食品行业协会、消费者协会以及新闻媒体等，就食品安全风险评估信息和食品安全监督管理信息进行交流沟通。

第三章　食品安全标准

第二十四条　制定食品安全标准，应当以保障公众身体健康为宗旨，做到科学合理、安全可靠。

第二十五条　食品安全标准是强制执行的标准。除食品安全标准外，不得制定其他食品强制性标准。

第二十六条　食品安全标准应当包括下列内容：

（一）食品、食品添加剂、食品相关产品中的致病性微生物，农药残留、兽药残留、生物毒素、重金属等污染物质以及其他危害人体健康物质的限量规定；

（二）食品添加剂的品种、使用范围、用量；

（三）专供婴幼儿和其他特定人群的主辅食品的营养成分要求；

（四）对与卫生、营养等食品安全要求有关的标签、标志、说明书的要求；

（五）食品生产经营过程的卫生要求；

（六）与食品安全有关的质量要求；

（七）与食品安全有关的食品检验方法与规程；

（八）其他需要制定为食品安全标准的内容。

第二十七条　食品安全国家标准由国务院卫生行政部门会同国务院食品安全监督管理部门制定、公布，国务院标准化行政部门提供国家标准编号。

食品中农药残留、兽药残留的限量规定及其检验方法与规程由国务院卫生行政部门、国务院农业行政部门会同国务院食品安全监督管理部门制定。

屠宰畜、禽的检验规程由国务院农业行政部门会同国务院卫生行政部门制定。

第二十八条 制定食品安全国家标准，应当依据食品安全风险评估结果并充分考虑食用农产品安全风险评估结果，参照相关的国际标准和国际食品安全风险评估结果，并将食品安全国家标准草案向社会公布，广泛听取食品生产经营者、消费者、有关部门等方面的意见。

食品安全国家标准应当经国务院卫生行政部门组织的食品安全国家标准审评委员会审查通过。食品安全国家标准审评委员会由医学、农业、食品、营养、生物、环境等方面的专家以及国务院有关部门、食品行业协会、消费者协会的代表组成，对食品安全国家标准草案的科学性和实用性等进行审查。

第二十九条 对地方特色食品，没有食品安全国家标准的，省、自治区、直辖市人民政府卫生行政部门可以制定并公布食品安全地方标准，报国务院卫生行政部门备案。食品安全国家标准制定后，该地方标准即行废止。

第三十条 国家鼓励食品生产企业制定严于食品安全国家标准或者地方标准的企业标准，在本企业适用，并报省、自治区、直辖市人民政府卫生行政部门备案。

第三十一条 省级以上人民政府卫生行政部门应当在其网站上公布制定和备案的食品安全国家标准、地方标准和企业标准，供公众免费查阅、下载。

对食品安全标准执行过程中的问题，县级以上人民政府卫生行政部门应当会同有关部门及时给予指导、解答。

第三十二条 省级以上人民政府卫生行政部门应当会同同级食品安全监督管理、农业行政等部门，分别对食品安全国家标准和地方标准的执行情况进行跟踪评价，并根据评价结果及时修订食品安全标准。

省级以上人民政府食品安全监督管理、农业行政等部门应当对食品安全标准执行中存在的问题进行收集、汇总，并及时向同级卫生行政部门通报。

食品生产经营者、食品行业协会发现食品安全标准在执行中存在问题的，应当立即向卫生行政部门报告。

第四章　食品生产经营

第一节　一般规定

第三十三条　食品生产经营应当符合食品安全标准，并符合下列要求：

（一）具有与生产经营的食品品种、数量相适应的食品原料处理和食品加工、包装、贮存等场所，保持该场所环境整洁，并与有毒、有害场所以及其他污染源保持规定的距离；

（二）具有与生产经营的食品品种、数量相适应的生产经营设备或者设施，有相应的消毒、更衣、盥洗、采光、照明、通风、防腐、防尘、防蝇、防鼠、防虫、洗涤以及处理废水、存放垃圾和废弃物的设备或者设施；

（三）有专职或者兼职的食品安全专业技术人员、食品安全管理人员和保证食品安全的规章制度；

（四）具有合理的设备布局和工艺流程，防止待加工食品与直接入口食品、原料与成品交叉污染，避免食品接触有毒物、不洁物；

（五）餐具、饮具和盛放直接入口食品的容器，使用前应当洗净、消毒，炊具、用具用后应当洗净，保持清洁；

（六）贮存、运输和装卸食品的容器、工具和设备应当安全、无害，保持清洁，防止食品污染，并符合保证食品安全所需的温度、湿度等特殊要求，不得将食品与有毒、有害物品一同贮存、运输；

（七）直接入口的食品应当使用无毒、清洁的包装材料、餐具、饮具和容器；

（八）食品生产经营人员应当保持个人卫生，生产经营食品时，应当将手洗净，穿戴清洁的工作衣、帽等；销售无包装的直接入口食品时，应当使用无毒、清洁的容器、售货工具和设备；

（九）用水应当符合国家规定的生活饮用水卫生标准；

（十）使用的洗涤剂、消毒剂应当对人体安全、无害；

（十一）法律、法规规定的其他要求。

非食品生产经营者从事食品贮存、运输和装卸的，应当符合前款第六项的规定。

第三十四条 禁止生产经营下列食品、食品添加剂、食品相关产品：

（一）用非食品原料生产的食品或者添加食品添加剂以外的化学物质和其他可能危害人体健康物质的食品，或者用回收食品作为原料生产的食品；

（二）致病性微生物，农药残留、兽药残留、生物毒素、重金属等污染物质以及其他危害人体健康的物质含量超过食品安全标准限量的食品、食品添加剂、食品相关产品；

（三）用超过保质期的食品原料、食品添加剂生产的食品、食品添加剂；

（四）超范围、超限量使用食品添加剂的食品；

（五）营养成分不符合食品安全标准的专供婴幼儿和其他特定人群的主辅食品；

（六）腐败变质、油脂酸败、霉变生虫、污秽不洁、混有异物、掺假掺杂或者感官性状异常的食品、食品添加剂；

（七）病死、毒死或者死因不明的禽、畜、兽、水产动物肉类及其制品；

（八）未按规定进行检疫或者检疫不合格的肉类，或者未经检验或者检验不合格的肉类制品；

（九）被包装材料、容器、运输工具等污染的食品、食品添加剂；

（十）标注虚假生产日期、保质期或者超过保质期的食品、食品添加剂；

（十一）无标签的预包装食品、食品添加剂；

（十二）国家为防病等特殊需要明令禁止生产经营的食品；

（十三）其他不符合法律、法规或者食品安全标准的食品、食品添加剂、食品相关产品。

第三十五条 国家对食品生产经营实行许可制度。从事食品生产、食品销售、餐饮服务，应当依法取得许可。但是，销售食用农产品和仅销售预包装食品的，不需要取得许可。仅销售预包装食品的，应当报所在地县级以上地方人民政府食品安全监督管理部门备案。

县级以上地方人民政府食品安全监督管理部门应当依照《中华人民共和国行政许可法》的规定，审核申请人提交的本法第三十三条第一款第一项至第四项规定要求的相关资料，必要时对申请人的生产经营场所进行现场核查；对符合规定条件的，准予许可；对不符合规定条件的，不予许可并书面说明理由。

第三十六条 食品生产加工小作坊和食品摊贩等从事食品生产经营活动，应当符合本法规定的与其生产经营规模、条件相适应的食品安全要求，保证所生产经营的食品卫生、无毒、无害，食品安全监督管理部门应当对其加强监督管理。

县级以上地方人民政府应当对食品生产加工小作坊、食品摊贩等进行综合治理，加强服务和统一规划，改善其生产经营环境，鼓励和支持其改进生产经营条件，进入集中交易市场、店铺等固定场所经营，或者在指定的临时经营区域、时段经营。

食品生产加工小作坊和食品摊贩等的具体管理办法由省、自治区、直辖市制定。

第三十七条 利用新的食品原料生产食品，或者生产食品添加剂新品种、食品相关产品新品种，应当向国务院卫生行政部门提交相关产品的安全性评估材料。国务院卫生行政部门应当自收到申请之日起六十日内组织审查；对符合食品安全要求的，准予许可并公布；对不符合食品安全要求的，不予许可并书面说明理由。

第三十八条 生产经营的食品中不得添加药品，但是可以添加按照传统既是食品又是中药材的物质。按照传统既是食品又是中药材的物质目录由国务院卫生行政部门会同国务院食品安全监督管理部门制定、公布。

第三十九条 国家对食品添加剂生产实行许可制度。从事食品添加剂生产，应当具有与所生产食品添加剂品种相适应的场所、生产设备或者设施、专业技术人员和管理制度，并依照本法第三十五条第二款规定的程序，取得食品添加剂生产许可。

生产食品添加剂应当符合法律、法规和食品安全国家标准。

第四十条 食品添加剂应当在技术上确有必要且经过风险评估证明安全可靠，方可列入允许使用的范围；有关食品安全国家标准应当根据技术必要性和食品安全风险评估结果及时修订。

食品生产经营者应当按照食品安全国家标准使用食品添加剂。

第四十一条 生产食品相关产品应当符合法律、法规和食品安全国家标准。对直接接触食品的包装材料等具有较高风险的食品相关产品，按照国家有关工业产品生产许可证管理的规定实施生产许可。食品安全监督管理部门应当加强对食品相关产品生产活动的监督管理。

第四十二条 国家建立食品安全全程追溯制度。

食品生产经营者应当依照本法的规定，建立食品安全追溯体系，保证食品可追溯。国家鼓励食品生产经营者采用信息化手段采集、留存生产经营信息，建立食品安全追溯体系。

国务院食品安全监督管理部门会同国务院农业行政等有关部门建立食品安全全程追溯协作机制。

第四十三条 地方各级人民政府应当采取措施鼓励食品规模化生产和连锁经营、配送。

国家鼓励食品生产经营企业参加食品安全责任保险。

第二节 生产经营过程控制

第四十四条 食品生产经营企业应当建立健全食品安全管理制度，对职工进行食品安全知识培训，加强食品检验工作，依法从事生产经营活动。

食品生产经营企业的主要负责人应当落实企业食品安全管理制度，对本企业的食品安全工作全面负责。

食品生产经营企业应当配备食品安全管理人员，加强对其培训和考核。经考核不具备食品安全管理能力的，不得上岗。食品安全监督管理部门应当对企业食品安全管理人员随机进行监督抽查考核并公布考核情况。监督抽查考核不得收取费用。

第四十五条 食品生产经营者应当建立并执行从业人员健康管理制度。患有国务院卫生行政部门规定的有碍食品安全疾病的人员，不得从事接触直接入口食品的工作。

从事接触直接入口食品工作的食品生产经营人员应当每年进行健康检查，取得健康证明后方可上岗工作。

第四十六条 食品生产企业应当就下列事项制定并实施控制要求，保证所生产的食品符合食品安全标准：

（一）原料采购、原料验收、投料等原料控制；

（二）生产工序、设备、贮存、包装等生产关键环节控制；

（三）原料检验、半成品检验、成品出厂检验等检验控制；

（四）运输和交付控制。

第四十七条 食品生产经营者应当建立食品安全自查制度，定期对食品安全状况进行检查评价。生产经营条件发生变化，不再符合食品安全要求的，食品生产经营者应当立即采取整改措施；有发生食品安全事故潜在风险的，应当立即停止食品生产经营活动，并向所在地县级人民政府食品安全监督管理部门报告。

第四十八条 国家鼓励食品生产经营企业符合良好生产规范要求，实施危害分析与关键控制点体系，提高食品安全管理水平。

对通过良好生产规范、危害分析与关键控制点体系认证的食品生产经营企业，认证机构应当依法实施跟踪调查；对不再符合认证要求的企业，应当依法撤销认证，及时向县级以上人民政府食品安全监督管理部门通报，并向社会公布。认证机构实施跟踪调查不得收取费用。

第四十九条 食用农产品生产者应当按照食品安全标准和国家有关规定使用农药、肥料、兽药、饲料和饲料添加剂等农业投入品，严格执行农业投入品使用安全间隔期或者休药期的规定，不得使用国家明令禁止的农业投入品。禁止将剧毒、高毒农药用于蔬菜、瓜果、茶叶和中草药材等国家规定的农作物。

食用农产品的生产企业和农民专业合作经济组织应当建立农业投入品使用记录制度。

县级以上人民政府农业行政部门应当加强对农业投入品使用的监督管理和指导，建立健全农业投入品安全使用制度。

第五十条　食品生产者采购食品原料、食品添加剂、食品相关产品，应当查验供货者的许可证和产品合格证明；对无法提供合格证明的食品原料，应当按照食品安全标准进行检验；不得采购或者使用不符合食品安全标准的食品原料、食品添加剂、食品相关产品。

食品生产企业应当建立食品原料、食品添加剂、食品相关产品进货查验记录制度，如实记录食品原料、食品添加剂、食品相关产品的名称、规格、数量、生产日期或者生产批号、保质期、进货日期以及供货者名称、地址、联系方式等内容，并保存相关凭证。记录和凭证保存期限不得少于产品保质期满后六个月；没有明确保质期的，保存期限不得少于二年。

第五十一条　食品生产企业应当建立食品出厂检验记录制度，查验出厂食品的检验合格证和安全状况，如实记录食品的名称、规格、数量、生产日期或者生产批号、保质期、检验合格证号、销售日期以及购货者名称、地址、联系方式等内容，并保存相关凭证。记录和凭证保存期限应当符合本法第五十条第二款的规定。

第五十二条　食品、食品添加剂、食品相关产品的生产者，应当按照食品安全标准对所生产的食品、食品添加剂、食品相关产品进行检验，检验合格后方可出厂或者销售。

第五十三条　食品经营者采购食品，应当查验供货者的许可证和食品出厂检验合格证或者其他合格证明（以下称合格证明文件）。

食品经营企业应当建立食品进货查验记录制度，如实记录食品的名称、规格、数量、生产日期或者生产批号、保质期、进货日期以及供货者名称、地址、联系方式等内容，并保存相关凭证。记录和凭证保存期限应当符合本法第五十条第二款的规定。

实行统一配送经营方式的食品经营企业，可以由企业总部统一查验供货者的许可证和食品合格证明文件，进行食品进货查验记录。

从事食品批发业务的经营企业应当建立食品销售记录制度，如实记录批发食品的名称、规格、数量、生产日期或者生产批号、保质期、销售日期以及购货者名称、地址、联系方式等内容，并保存相关凭证。记录和凭证保存期限应当符合本法第五十条第二款的规定。

第五十四条 食品经营者应当按照保证食品安全的要求贮存食品，定期检查库存食品，及时清理变质或者超过保质期的食品。

食品经营者贮存散装食品，应当在贮存位置标明食品的名称、生产日期或者生产批号、保质期、生产者名称及联系方式等内容。

第五十五条 餐饮服务提供者应当制定并实施原料控制要求，不得采购不符合食品安全标准的食品原料。倡导餐饮服务提供者公开加工过程，公示食品原料及其来源等信息。

餐饮服务提供者在加工过程中应当检查待加工的食品及原料，发现有本法第三十四条第六项规定情形的，不得加工或者使用。

第五十六条 餐饮服务提供者应当定期维护食品加工、贮存、陈列等设施、设备；定期清洗、校验保温设施及冷藏、冷冻设施。

餐饮服务提供者应当按照要求对餐具、饮具进行清洗消毒，不得使用未经清洗消毒的餐具、饮具；餐饮服务提供者委托清洗消毒餐具、饮具的，应当委托符合本法规定条件的餐具、饮具集中消毒服务单位。

第五十七条 学校、托幼机构、养老机构、建筑工地等集中用餐单位的食堂应当严格遵守法律、法规和食品安全标准；从供餐单位订餐的，应当从取得食品生产经营许可的企业订购，并按照要求对订购的食品进行查验。供餐单位应当严格遵守法律、法规和食品安全标准，当餐加工，确保食品安全。

学校、托幼机构、养老机构、建筑工地等集中用餐单位的主管部门应当加强对集中用餐单位的食品安全教育和日常管理，降低食品安全风险，及时消除食品安全隐患。

第五十八条 餐具、饮具集中消毒服务单位应当具备相应的作业场所、清洗消毒设备或者设施，用水和使用的洗涤剂、消毒剂应当符合相关食品安全国家标准和其他国家标准、卫生规范。

餐具、饮具集中消毒服务单位应当对消毒餐具、饮具进行逐批检验，检验合格后方可出厂，并应当随附消毒合格证明。消毒后的餐具、饮具应当在独立包装上标注单位名称、地址、联系方式、消毒日期以及使用期限等内容。

第五十九条　食品添加剂生产者应当建立食品添加剂出厂检验记录制度，查验出厂产品的检验合格证和安全状况，如实记录食品添加剂的名称、规格、数量、生产日期或者生产批号、保质期、检验合格证号、销售日期以及购货者名称、地址、联系方式等相关内容，并保存相关凭证。记录和凭证保存期限应当符合本法第五十条第二款的规定。

第六十条　食品添加剂经营者采购食品添加剂，应当依法查验供货者的许可证和产品合格证明文件，如实记录食品添加剂的名称、规格、数量、生产日期或者生产批号、保质期、进货日期以及供货者名称、地址、联系方式等内容，并保存相关凭证。记录和凭证保存期限应当符合本法第五十条第二款的规定。

第六十一条　集中交易市场的开办者、柜台出租者和展销会举办者，应当依法审查入场食品经营者的许可证，明确其食品安全管理责任，定期对其经营环境和条件进行检查，发现其有违反本法规定行为的，应当及时制止并立即报告所在地县级人民政府食品安全监督管理部门。

第六十二条　网络食品交易第三方平台提供者应当对入网食品经营者进行实名登记，明确其食品安全管理责任；依法应当取得许可证的，还应当审查其许可证。

网络食品交易第三方平台提供者发现入网食品经营者有违反本法规定行为的，应当及时制止并立即报告所在地县级人民政府食品安全监督管理部门；发现严重违法行为的，应当立即停止提供网络交易平台服务。

第六十三条　国家建立食品召回制度。食品生产者发现其生产的食品不符合食品安全标准或者有证据证明可能危害人体健康的，应当立即停止生产，召回已经上市销售的食品，通知相关生产经营者和消费者，并记录召回和通知情况。

食品经营者发现其经营的食品有前款规定情形的，应当立即停止经营，通知相关生产经营者和消费者，并记录停止经营和通知情况。食品生产者认为应当召回的，应当立即召回。由于食品经营者的原因造成其经营的食品有前款规定情形的，食品经营者应当召回。

食品生产经营者应当对召回的食品采取无害化处理、销毁等措施，防止其再次流入市场。但是，对因标签、标志或者说明书不符合食品安全标准而被召回的食品，食品生产者在采取补救措施且能保证食品安全的情况下可以继续销售；销售时应当向消费者明示补救措施。

食品生产经营者应当将食品召回和处理情况向所在地县级人民政府食品安全监督管理部门报告；需要对召回的食品进行无害化处理、销毁的，应当提前报告时间、地点。食品安全监督管理部门认为必要的，可以实施现场监督。

食品生产经营者未依照本条规定召回或者停止经营的，县级以上人民政府食品安全监督管理部门可以责令其召回或者停止经营。

第六十四条 食用农产品批发市场应当配备检验设备和检验人员或者委托符合本法规定的食品检验机构，对进入该批发市场销售的食用农产品进行抽样检验；发现不符合食品安全标准的，应当要求销售者立即停止销售，并向食品安全监督管理部门报告。

第六十五条 食用农产品销售者应当建立食用农产品进货查验记录制度，如实记录食用农产品的名称、数量、进货日期以及供货者名称、地址、联系方式等内容，并保存相关凭证。记录和凭证保存期限不得少于六个月。

第六十六条 进入市场销售的食用农产品在包装、保鲜、贮存、运输中使用保鲜剂、防腐剂等食品添加剂和包装材料等食品相关产品，应当符合食品安全国家标准。

第三节 标签、说明书和广告

第六十七条 预包装食品的包装上应当有标签。标签应当标明下列事项：

（一）名称、规格、净含量、生产日期；

（二）成分或者配料表；

（三）生产者的名称、地址、联系方式；

（四）保质期；

（五）产品标准代号；

（六）贮存条件；

（七）所使用的食品添加剂在国家标准中的通用名称；

（八）生产许可证编号；

（九）法律、法规或者食品安全标准规定应当标明的其他事项。

专供婴幼儿和其他特定人群的主辅食品，其标签还应当标明主要营养成分及其含量。

食品安全国家标准对标签标注事项另有规定的，从其规定。

第六十八条 食品经营者销售散装食品，应当在散装食品的容器、外包装上标明食品的名称、生产日期或者生产批号、保质期以及生产经营者名称、地址、联系方式等内容。

第六十九条 生产经营转基因食品应当按照规定显著标示。

第七十条 食品添加剂应当有标签、说明书和包装。标签、说明书应当载明本法第六十七条第一款第一项至第六项、第八项、第九项规定的事项，以及食品添加剂的使用范围、用量、使用方法，并在标签上载明"食品添加剂"字样。

第七十一条 食品和食品添加剂的标签、说明书，不得含有虚假内容，不得涉及疾病预防、治疗功能。生产经营者对其提供的标签、说明书的内容负责。

食品和食品添加剂的标签、说明书应当清楚、明显，生产日期、保质期等事项应当显著标注，容易辨识。

食品和食品添加剂与其标签、说明书的内容不符的，不得上市销售。

第七十二条 食品经营者应当按照食品标签标示的警示标志、警示说明或者注意事项的要求销售食品。

第七十三条 食品广告的内容应当真实合法，不得含有虚假内容，不得涉及疾病预防、治疗功能。食品生产经营者对食品广告内容的真实性、合法性负责。

县级以上人民政府食品安全监督管理部门和其他有关部门以及食品检验机构、食品行业协会不得以广告或者其他形式向消费者推荐食品。消费者组织不得以收取费用或者其他牟取利益的方式向消费者推荐食品。

第四节　特殊食品

第七十四条　国家对保健食品、特殊医学用途配方食品和婴幼儿配方食品等特殊食品实行严格监督管理。

第七十五条　保健食品声称保健功能，应当具有科学依据，不得对人体产生急性、亚急性或者慢性危害。

保健食品原料目录和允许保健食品声称的保健功能目录，由国务院食品安全监督管理部门会同国务院卫生行政部门、国家中医药管理部门制定、调整并公布。

保健食品原料目录应当包括原料名称、用量及其对应的功效；列入保健食品原料目录的原料只能用于保健食品生产，不得用于其他食品生产。

第七十六条　使用保健食品原料目录以外原料的保健食品和首次进口的保健食品应当经国务院食品安全监督管理部门注册。但是，首次进口的保健食品中属于补充维生素、矿物质等营养物质的，应当报国务院食品安全监督管理部门备案。其他保健食品应当报省、自治区、直辖市人民政府食品安全监督管理部门备案。

进口的保健食品应当是出口国（地区）主管部门准许上市销售的产品。

第七十七条　依法应当注册的保健食品，注册时应当提交保健食品的研发报告、产品配方、生产工艺、安全性和保健功能评价、标签、说明书等材料及样品，并提供相关证明文件。国务院食品安全监督管理部门经组织技术审评，对符合安全和功能声称要求的，准予注册；对不符合要求的，不予注册并书面说明理由。对使用保健食品原料目录以外原料的保健食品作出准予注册决定的，应当及时将该原料纳入保健食品原料目录。

依法应当备案的保健食品，备案时应当提交产品配方、生产工艺、标签、说明书以及表明产品安全性和保健功能的材料。

第七十八条　保健食品的标签、说明书不得涉及疾病预防、治疗功能，内容应当真实，与注册或者备案的内容相一致，载明适宜人群、不适宜人群、功效成分或者标志性成分及其含量等，并声明"本品不能代替药物"。保健食品的功能和成分应当与标签、说明书相一致。

第七十九条　保健食品广告除应当符合本法第七十三条第一款的规定外，还应当声明"本品不能代替药物"；其内容应当经生产企业所在地省、自治区、直辖市人民政府食品安全监督管理部门审查批准，取得保健食品广告批准文件。省、自治区、直辖市人民政府食品安全监督管理部门应当公布并及时更新已经批准的保健食品广告目录以及批准的广告内容。

第八十条　特殊医学用途配方食品应当经国务院食品安全监督管理部门注册。注册时，应当提交产品配方、生产工艺、标签、说明书以及表明产品安全性、营养充足性和特殊医学用途临床效果的材料。

特殊医学用途配方食品广告适用《中华人民共和国广告法》和其他法律、行政法规关于药品广告管理的规定。

第八十一条　婴幼儿配方食品生产企业应当实施从原料进厂到成品出厂的全过程质量控制，对出厂的婴幼儿配方食品实施逐批检验，保证食品安全。

生产婴幼儿配方食品使用的生鲜乳、辅料等食品原料、食品添加剂等，应当符合法律、行政法规的规定和食品安全国家标准，保证婴幼儿生长发育所需的营养成分。

婴幼儿配方食品生产企业应当将食品原料、食品添加剂、产品配方及标签等事项向省、自治区、直辖市人民政府食品安全监督管理部门备案。

婴幼儿配方乳粉的产品配方应当经国务院食品安全监督管理部门注册。注册时，应当提交配方研发报告和其他表明配方科学性、安全性的材料。

不得以分装方式生产婴幼儿配方乳粉，同一企业不得用同一配方生产不同品牌的婴幼儿配方乳粉。

第八十二条　保健食品、特殊医学用途配方食品、婴幼儿配方乳粉的注册人或者备案人应当对其提交材料的真实性负责。

省级以上人民政府食品安全监督管理部门应当及时公布注册或者备案的保健食品、特殊医学用途配方食品、婴幼儿配方乳粉目录，并对注册或者备案中获知的企业商业秘密予以保密。

保健食品、特殊医学用途配方食品、婴幼儿配方乳粉生产企业应当按照注册或者备案的产品配方、生产工艺等技术要求组织生产。

第八十三条 生产保健食品、特殊医学用途配方食品、婴幼儿配方食品和其他专供特定人群的主辅食品的企业，应当按照良好生产规范的要求建立与所生产食品相适应的生产质量管理体系，定期对该体系的运行情况进行自查，保证其有效运行，并向所在地县级人民政府食品安全监督管理部门提交自查报告。

第五章 食品检验

第八十四条 食品检验机构按照国家有关认证认可的规定取得资质认定后，方可从事食品检验活动。但是，法律另有规定的除外。

食品检验机构的资质认定条件和检验规范，由国务院食品安全监督管理部门规定。

符合本法规定的食品检验机构出具的检验报告具有同等效力。

县级以上人民政府应当整合食品检验资源，实现资源共享。

第八十五条 食品检验由食品检验机构指定的检验人独立进行。

检验人应当依照有关法律、法规的规定，并按照食品安全标准和检验规范对食品进行检验，尊重科学，恪守职业道德，保证出具的检验数据和结论客观、公正，不得出具虚假检验报告。

第八十六条 食品检验实行食品检验机构与检验人负责制。食品检验报告应当加盖食品检验机构公章，并有检验人的签名或者盖章。食品检验机构和检验人对出具的食品检验报告负责。

第八十七条 县级以上人民政府食品安全监督管理部门应当对食品进行定期或者不定期的抽样检验，并依据有关规定公布检验结果，不得免检。进行抽样检验，应当购买抽取的样品，委托符合本法规定的食品检验机构进行检验，并支付相关费用；不得向食品生产经营者收取检验费和其他费用。

第八十八条 对依照本法规定实施的检验结论有异议的，食品生产经营者可以自收到检验结论之日起七个工作日内向实施抽样检验的食品安全监督管理部门或者其上一级食品安全监督管理部门提出复检申请，由受理复检申请的食品安全监督管理部门在公布的复检机构名录中随机确定复检机构进行复检。复检机构出具的复检结论为最终检验结论。复检机构与初检机构不得为同一机构。复检机构名录由国务院认证认可监督管理、食品安全监督管理、卫生行政、农业行政等部门共同公布。

采用国家规定的快速检测方法对食用农产品进行抽查检测，被抽查人对检测结果有异议的，可以自收到检测结果时起四小时内申请复检。复检不得采用快速检测方法。

第八十九条　食品生产企业可以自行对所生产的食品进行检验，也可以委托符合本法规定的食品检验机构进行检验。

食品行业协会和消费者协会等组织、消费者需要委托食品检验机构对食品进行检验的，应当委托符合本法规定的食品检验机构进行。

第九十条　食品添加剂的检验，适用本法有关食品检验的规定。

第六章　食品进出口

第九十一条　国家出入境检验检疫部门对进出口食品安全实施监督管理。

第九十二条　进口的食品、食品添加剂、食品相关产品应当符合我国食品安全国家标准。

进口的食品、食品添加剂应当经出入境检验检疫机构依照进出口商品检验相关法律、行政法规的规定检验合格。

进口的食品、食品添加剂应当按照国家出入境检验检疫部门的要求随附合格证明材料。

第九十三条　进口尚无食品安全国家标准的食品，由境外出口商、境外生产企业或者其委托的进口商向国务院卫生行政部门提交所执行的相关国家（地区）标准或者国际标准。国务院卫生行政部门对相关标准进行审查，认为符合食品安全要求的，决定暂予适用，并及时制定相应的食品安全国家标准。进口利用新的食品原料生产的食品或者进口食品添加剂新品种、食品相关产品新品种，依照本法第三十七条的规定办理。

出入境检验检疫机构按照国务院卫生行政部门的要求，对前款规定的食品、食品添加剂、食品相关产品进行检验。检验结果应当公开。

第九十四条　境外出口商、境外生产企业应当保证向我国出口的食品、食品添加剂、食品相关产品符合本法以及我国其他有关法律、行政法规的规定和食品安全国家标准的要求，并对标签、说明书的内容负责。

进口商应当建立境外出口商、境外生产企业审核制度，重点审核前款规定的内容；审核不合格的，不得进口。

发现进口食品不符合我国食品安全国家标准或者有证据证明可能危害人体健康的，进口商应当立即停止进口，并依照本法第六十三条的规定召回。

第九十五条　境外发生的食品安全事件可能对我国境内造成影响，或者在进口食品、食品添加剂、食品相关产品中发现严重食品安全问题的，国家出入境检验检疫部门应当及时采取风险预警或者控制措施，并向国务院食品安全监督管理、卫生行政、农业行政部门通报。接到通报的部门应当及时采取相应措施。

县级以上人民政府食品安全监督管理部门对国内市场上销售的进口食品、食品添加剂实施监督管理。发现存在严重食品安全问题的，国务院食品安全监督管理部门应当及时向国家出入境检验检疫部门通报。国家出入境检验检疫部门应当及时采取相应措施。

第九十六条　向我国境内出口食品的境外出口商或者代理商、进口食品的进口商应当向国家出入境检验检疫部门备案。向我国境内出口食品的境外食品生产企业应当经国家出入境检验检疫部门注册。已经注册的境外食品生产企业提供虚假材料，或者因其自身的原因致使进口食品发生重大食品安全事故的，国家出入境检验检疫部门应当撤销注册并公告。

国家出入境检验检疫部门应当定期公布已经备案的境外出口商、代理商、进口商和已经注册的境外食品生产企业名单。

第九十七条　进口的预包装食品、食品添加剂应当有中文标签；依法应当有说明书的，还应当有中文说明书。标签、说明书应当符合本法以及我国其他有关法律、行政法规的规定和食品安全国家标准的要求，并载明食品的原产地以及境内代理商的名称、地址、联系方式。预包装食品没有中文标签、中文说明书或者标签、说明书不符合本条规定的，不得进口。

第九十八条 进口商应当建立食品、食品添加剂进口和销售记录制度，如实记录食品、食品添加剂的名称、规格、数量、生产日期、生产或者进口批号、保质期、境外出口商和购货者名称、地址及联系方式、交货日期等内容，并保存相关凭证。记录和凭证保存期限应当符合本法第五十条第二款的规定。

第九十九条 出口食品生产企业应当保证其出口食品符合进口国（地区）的标准或者合同要求。

出口食品生产企业和出口食品原料种植、养殖场应当向国家出入境检验检疫部门备案。

第一百条 国家出入境检验检疫部门应当收集、汇总下列进出口食品安全信息，并及时通报相关部门、机构和企业：

（一）出入境检验检疫机构对进出口食品实施检验检疫发现的食品安全信息；

（二）食品行业协会和消费者协会等组织、消费者反映的进口食品安全信息；

（三）国际组织、境外政府机构发布的风险预警信息及其他食品安全信息，以及境外食品行业协会等组织、消费者反映的食品安全信息；

（四）其他食品安全信息。

国家出入境检验检疫部门应当对进出口食品的进口商、出口商和出口食品生产企业实施信用管理，建立信用记录，并依法向社会公布。对有不良记录的进口商、出口商和出口食品生产企业，应当加强对其进出口食品的检验检疫。

第一百零一条 国家出入境检验检疫部门可以对向我国境内出口食品的国家（地区）的食品安全管理体系和食品安全状况进行评估和审查，并根据评估和审查结果，确定相应检验检疫要求。

第七章　食品安全事故处置

第一百零二条 国务院组织制定国家食品安全事故应急预案。

县级以上地方人民政府应当根据有关法律、法规的规定和上级人民政府的食品安全事故应急预案以及本行政区域的实际情况，制定本行政区域的食品安全事故应急预案，并报上一级人民政府备案。

食品安全事故应急预案应当对食品安全事故分级、事故处置组织指挥体系与职责、预防预警机制、处置程序、应急保障措施等作出规定。

食品生产经营企业应当制定食品安全事故处置方案，定期检查本企业各项食品安全防范措施的落实情况，及时消除事故隐患。

第一百零三条　发生食品安全事故的单位应当立即采取措施，防止事故扩大。事故单位和接收病人进行治疗的单位应当及时向事故发生地县级人民政府食品安全监督管理、卫生行政部门报告。

县级以上人民政府农业行政等部门在日常监督管理中发现食品安全事故或者接到事故举报，应当立即向同级食品安全监督管理部门通报。

发生食品安全事故，接到报告的县级人民政府食品安全监督管理部门应当按照应急预案的规定向本级人民政府和上级人民政府食品安全监督管理部门报告。县级人民政府和上级人民政府食品安全监督管理部门应当按照应急预案的规定上报。

任何单位和个人不得对食品安全事故隐瞒、谎报、缓报，不得隐匿、伪造、毁灭有关证据。

第一百零四条　医疗机构发现其接收的病人属于食源性疾病病人或者疑似病人的，应当按照规定及时将相关信息向所在地县级人民政府卫生行政部门报告。县级人民政府卫生行政部门认为与食品安全有关的，应当及时通报同级食品安全监督管理部门。

县级以上人民政府卫生行政部门在调查处理传染病或者其他突发公共卫生事件中发现与食品安全相关的信息，应当及时通报同级食品安全监督管理部门。

第一百零五条　县级以上人民政府食品安全监督管理部门接到食品安全事故的报告后，应当立即会同同级卫生行政、农业行政等部门进行调查处理，并采取下列措施，防止或者减轻社会危害：

（一）开展应急救援工作，组织救治因食品安全事故导致人身伤害的人员；

（二）封存可能导致食品安全事故的食品及其原料，并立即进行检验；对确认属于被污染的食品及其原料，责令食品生产经营者依照本法第六十三条的规定召回或者停止经营；

（三）封存被污染的食品相关产品，并责令进行清洗消毒；

（四）做好信息发布工作，依法对食品安全事故及其处理情况进行发布，并对可能产生的危害加以解释、说明。

发生食品安全事故需要启动应急预案的，县级以上人民政府应当立即成立事故处置指挥机构，启动应急预案，依照前款和应急预案的规定进行处置。

发生食品安全事故，县级以上疾病预防控制机构应当对事故现场进行卫生处理，并对与事故有关的因素开展流行病学调查，有关部门应当予以协助。县级以上疾病预防控制机构应当向同级食品安全监督管理、卫生行政部门提交流行病学调查报告。

第一百零六条 发生食品安全事故，设区的市级以上人民政府食品安全监督管理部门应当立即会同有关部门进行事故责任调查，督促有关部门履行职责，向本级人民政府和上一级人民政府食品安全监督管理部门提出事故责任调查处理报告。

涉及两个以上省、自治区、直辖市的重大食品安全事故由国务院食品安全监督管理部门依照前款规定组织事故责任调查。

第一百零七条 调查食品安全事故，应当坚持实事求是、尊重科学的原则，及时、准确查清事故性质和原因，认定事故责任，提出整改措施。

调查食品安全事故，除了查明事故单位的责任，还应当查明有关监督管理部门、食品检验机构、认证机构及其工作人员的责任。

第一百零八条 食品安全事故调查部门有权向有关单位和个人了解与事故有关的情况，并要求提供相关资料和样品。有关单位和个人应当予以配合，按照要求提供相关资料和样品，不得拒绝。

任何单位和个人不得阻挠、干涉食品安全事故的调查处理。

第八章 监 督 管 理

第一百零九条 县级以上人民政府食品安全监督管理部门根据食品安全风险监测、风险评估结果和食品安全状况等，确定监督管理的重点、方式和频次，实施风险分级管理。

县级以上地方人民政府组织本级食品安全监督管理、农业行政等部门制定本行政区域的食品安全年度监督管理计划，向社会公布并组织实施。

食品安全年度监督管理计划应当将下列事项作为监督管理的重点：

（一）专供婴幼儿和其他特定人群的主辅食品；

（二）保健食品生产过程中的添加行为和按照注册或者备案的技术要求组织生产的情况，保健食品标签、说明书以及宣传材料中有关功能宣传的情况；

（三）发生食品安全事故风险较高的食品生产经营者；

（四）食品安全风险监测结果表明可能存在食品安全隐患的事项。

第一百一十条 县级以上人民政府食品安全监督管理部门履行食品安全监督管理职责，有权采取下列措施，对生产经营者遵守本法的情况进行监督检查：

（一）进入生产经营场所实施现场检查；

（二）对生产经营的食品、食品添加剂、食品相关产品进行抽样检验；

（三）查阅、复制有关合同、票据、账簿以及其他有关资料；

（四）查封、扣押有证据证明不符合食品安全标准或者有证据证明存在安全隐患以及用于违法生产经营的食品、食品添加剂、食品相关产品；

（五）查封违法从事生产经营活动的场所。

第一百一十一条 对食品安全风险评估结果证明食品存在安全隐患，需要制定、修订食品安全标准的，在制定、修订食品安全标准前，国务院卫生行政部门应当及时会同国务院有关部门规定食品中有害物质的临时限量值和临时检验方法，作为生产经营和监督管理的依据。

第一百一十二条 县级以上人民政府食品安全监督管理部门在食品安全监督管理工作中可以采用国家规定的快速检测方法对食品进行抽查检测。

对抽查检测结果表明可能不符合食品安全标准的食品，应当依照本法第八十七条的规定进行检验。抽查检测结果确定有关食品不符合食品安全标准的，可以作为行政处罚的依据。

第一百一十三条　县级以上人民政府食品安全监督管理部门应当建立食品生产经营者食品安全信用档案，记录许可颁发、日常监督检查结果、违法行为查处等情况，依法向社会公布并实时更新；对有不良信用记录的食品生产经营者增加监督检查频次，对违法行为情节严重的食品生产经营者，可以通报投资主管部门、证券监督管理机构和有关的金融机构。

第一百一十四条　食品生产经营过程中存在食品安全隐患，未及时采取措施消除的，县级以上人民政府食品安全监督管理部门可以对食品生产经营者的法定代表人或者主要负责人进行责任约谈。食品生产经营者应当立即采取措施，进行整改，消除隐患。责任约谈情况和整改情况应当纳入食品生产经营者食品安全信用档案。

第一百一十五条　县级以上人民政府食品安全监督管理等部门应当公布本部门的电子邮件地址或者电话，接受咨询、投诉、举报。接到咨询、投诉、举报，对属于本部门职责的，应当受理并在法定期限内及时答复、核实、处理；对不属于本部门职责的，应当移交有权处理的部门并书面通知咨询、投诉、举报人。有权处理的部门应当在法定期限内及时处理，不得推诿。对查证属实的举报，给予举报人奖励。

有关部门应当对举报人的信息予以保密，保护举报人的合法权益。举报人举报所在企业的，该企业不得以解除、变更劳动合同或者其他方式对举报人进行打击报复。

第一百一十六条　县级以上人民政府食品安全监督管理等部门应当加强对执法人员食品安全法律、法规、标准和专业知识与执法能力等的培训，并组织考核。不具备相应知识和能力的，不得从事食品安全执法工作。

食品生产经营者、食品行业协会、消费者协会等发现食品安全执法人员在执法过程中有违反法律、法规规定的行为以及不规范执法行为的，可以向本级或者上级人民政府食品安全监督管理等部门或者监察机关投诉、举报。

接到投诉、举报的部门或者机关应当进行核实，并将经核实的情况向食品安全执法人员所在部门通报；涉嫌违法违纪的，按照本法和有关规定处理。

第一百一十七条　县级以上人民政府食品安全监督管理等部门未及时发现食品安全系统性风险，未及时消除监督管理区域内的食品安全隐患的，本级人民政府可以对其主要负责人进行责任约谈。

地方人民政府未履行食品安全职责，未及时消除区域性重大食品安全隐患的，上级人民政府可以对其主要负责人进行责任约谈。

被约谈的食品安全监督管理等部门、地方人民政府应当立即采取措施，对食品安全监督管理工作进行整改。

责任约谈情况和整改情况应当纳入地方人民政府和有关部门食品安全监督管理工作评议、考核记录。

第一百一十八条　国家建立统一的食品安全信息平台，实行食品安全信息统一公布制度。国家食品安全总体情况、食品安全风险警示信息、重大食品安全事故及其调查处理信息和国务院确定需要统一公布的其他信息由国务院食品安全监督管理部门统一公布。食品安全风险警示信息和重大食品安全事故及其调查处理信息的影响限于特定区域的，也可以由有关省、自治区、直辖市人民政府食品安全监督管理部门公布。未经授权不得发布上述信息。

县级以上人民政府食品安全监督管理、农业行政部门依据各自职责公布食品安全日常监督管理信息。

公布食品安全信息，应当做到准确、及时，并进行必要的解释说明，避免误导消费者和社会舆论。

第一百一十九条　县级以上地方人民政府食品安全监督管理、卫生行政、农业行政部门获知本法规定需要统一公布的信息，应当向上级主管部门报告，由上级主管部门立即报告国务院食品安全监督管理部门；必要时，可以直接向国务院食品安全监督管理部门报告。

县级以上人民政府食品安全监督管理、卫生行政、农业行政部门应当相互通报获知的食品安全信息。

第一百二十条　任何单位和个人不得编造、散布虚假食品安全信息。

县级以上人民政府食品安全监督管理部门发现可能误导消费者和社会舆论的食品安全信息，应当立即组织有关部门、专业机构、相关食品生产经营者等进行核实、分析，并及时公布结果。

第一百二十一条　县级以上人民政府食品安全监督管理等部门发现涉嫌食品安全犯罪的，应当按照有关规定及时将案件移送公安机关。对移送的案件，公安机关应当及时审查；认为有犯罪事实需要追究刑事责任的，应当立案侦查。

公安机关在食品安全犯罪案件侦查过程中认为没有犯罪事实，或者犯罪事实显著轻微，不需要追究刑事责任，但依法应当追究行政责任的，应当及时将案件移送食品安全监督管理等部门和监察机关，有关部门应当依法处理。

公安机关商请食品安全监督管理、生态环境等部门提供检验结论、认定意见以及对涉案物品进行无害化处理等协助的，有关部门应当及时提供，予以协助。

第九章　法律责任

第一百二十二条　违反本法规定，未取得食品生产经营许可从事食品生产经营活动，或者未取得食品添加剂生产许可从事食品添加剂生产活动的，由县级以上人民政府食品安全监督管理部门没收违法所得和违法生产经营的食品、食品添加剂以及用于违法生产经营的工具、设备、原料等物品；违法生产经营的食品、食品添加剂货值金额不足一万元的，并处五万元以上十万元以下罚款；货值金额一万元以上的，并处货值金额十倍以上二十倍以下罚款。

明知从事前款规定的违法行为，仍为其提供生产经营场所或者其他条件的，由县级以上人民政府食品安全监督管理部门责令停止违法行为，没收违法所得，并处五万元以上十万元以下罚款；使消费者的合法权益受到损害的，应当与食品、食品添加剂生产经营者承担连带责任。

第一百二十三条　违反本法规定，有下列情形之一，尚不构成犯罪的，由县级以上人民政府食品安全监督管理部门没收违法所得和违法生产经营的食品，并可以没收用于违法生产经营的工具、设备、原料等物品；违法生产经营的食品货值金额不足一万元的，并处十万元以上十五万元以下罚款；货值金额一万元以上的，并处货值金额十五倍以上三十倍以下罚款；情节严重的，吊销许可证，并可以由公安机关对其直接负责的主管人员和其他直接责任人员处五日以上十五日以下拘留：

（一）用非食品原料生产食品、在食品中添加食品添加剂以外的化学物质和其他可能危害人体健康的物质，或者用回收食品作为原料生产食品，或者经营上述食品；

（二）生产经营营养成分不符合食品安全标准的专供婴幼儿和其他特定人群的主辅食品；

（三）经营病死、毒死或者死因不明的禽、畜、兽、水产动物肉类，或者生产经营其制品；

（四）经营未按规定进行检疫或者检疫不合格的肉类，或者生产经营未经检验或者检验不合格的肉类制品；

（五）生产经营国家为防病等特殊需要明令禁止生产经营的食品；

（六）生产经营添加药品的食品。

明知从事前款规定的违法行为，仍为其提供生产经营场所或者其他条件的，由县级以上人民政府食品安全监督管理部门责令停止违法行为，没收违法所得，并处十万元以上二十万元以下罚款；使消费者的合法权益受到损害的，应当与食品生产经营者承担连带责任。

违法使用剧毒、高毒农药的，除依照有关法律、法规规定给予处罚外，可以由公安机关依照第一款规定给予拘留。

第一百二十四条 违反本法规定，有下列情形之一，尚不构成犯罪的，由县级以上人民政府食品安全监督管理部门没收违法所得和违法生产经营的食品、食品添加剂，并可以没收用于违法生产经营的工具、设备、原料等物品；违法生产经营的食品、食品添加剂货值金额不足一万元的，并处五万元以上十万元以下罚款；货值金额一万元以上的，并处货值金额十倍以上二十倍以下罚款；情节严重的，吊销许可证：

（一）生产经营致病性微生物，农药残留、兽药残留、生物毒素、重金属等污染物质以及其他危害人体健康的物质含量超过食品安全标准限量的食品、食品添加剂；

（二）用超过保质期的食品原料、食品添加剂生产食品、食品添加剂，或者经营上述食品、食品添加剂；

（三）生产经营超范围、超限量使用食品添加剂的食品；

（四）生产经营腐败变质、油脂酸败、霉变生虫、污秽不洁、混有异物、掺假掺杂或者感官性状异常的食品、食品添加剂；

（五）生产经营标注虚假生产日期、保质期或者超过保质期的食品、食品添加剂；

（六）生产经营未按规定注册的保健食品、特殊医学用途配方食品、婴幼儿配方乳粉，或者未按注册的产品配方、生产工艺等技术要求组织生产；

（七）以分装方式生产婴幼儿配方乳粉，或者同一企业以同一配方生产不同品牌的婴幼儿配方乳粉；

（八）利用新的食品原料生产食品，或者生产食品添加剂新品种，未通过安全性评估；

（九）食品生产经营者在食品安全监督管理部门责令其召回或者停止经营后，仍拒不召回或者停止经营。

除前款和本法第一百二十三条、第一百二十五条规定的情形外，生产经营不符合法律、法规或者食品安全标准的食品、食品添加剂的，依照前款规定给予处罚。

生产食品相关产品新品种，未通过安全性评估，或者生产不符合食品安全标准的食品相关产品的，由县级以上人民政府食品安全监督管理部门依照第一款规定给予处罚。

第一百二十五条　违反本法规定，有下列情形之一的，由县级以上人民政府食品安全监督管理部门没收违法所得和违法生产经营的食品、食品添加剂，并可以没收用于违法生产经营的工具、设备、原料等物品；违法生产经营的食品、食品添加剂货值金额不足一万元的，并处五千元以上五万元以下罚款；货值金额一万元以上的，并处货值金额五倍以上十倍以下罚款；情节严重的，责令停产停业，直至吊销许可证：

（一）生产经营被包装材料、容器、运输工具等污染的食品、食品添加剂；

（二）生产经营无标签的预包装食品、食品添加剂或者标签、说明书不符合本法规定的食品、食品添加剂；

（三）生产经营转基因食品未按规定进行标示；

（四）食品生产经营者采购或者使用不符合食品安全标准的食品原料、食品添加剂、食品相关产品。

生产经营的食品、食品添加剂的标签、说明书存在瑕疵但不影响食品安全且不会对消费者造成误导的，由县级以上人民政府食品安全监督管理部门责令改正；拒不改正的，处二千元以下罚款。

第一百二十六条 违反本法规定，有下列情形之一的，由县级以上人民政府食品安全监督管理部门责令改正，给予警告；拒不改正的，处五千元以上五万元以下罚款；情节严重的，责令停产停业，直至吊销许可证：

（一）食品、食品添加剂生产者未按规定对采购的食品原料和生产的食品、食品添加剂进行检验；

（二）食品生产经营企业未按规定建立食品安全管理制度，或者未按规定配备或者培训、考核食品安全管理人员；

（三）食品、食品添加剂生产经营者进货时未查验许可证和相关证明文件，或者未按规定建立并遵守进货查验记录、出厂检验记录和销售记录制度；

（四）食品生产经营企业未制定食品安全事故处置方案；

（五）餐具、饮具和盛放直接入口食品的容器，使用前未经洗净、消毒或者清洗消毒不合格，或者餐饮服务设施、设备未按规定定期维护、清洗、校验；

（六）食品生产经营者安排未取得健康证明或者患有国务院卫生行政部门规定的有碍食品安全疾病的人员从事接触直接入口食品的工作；

（七）食品经营者未按规定要求销售食品；

（八）保健食品生产企业未按规定向食品安全监督管理部门备案，或者未按备案的产品配方、生产工艺等技术要求组织生产；

（九）婴幼儿配方食品生产企业未将食品原料、食品添加剂、产品配方、标签等向食品安全监督管理部门备案；

（十）特殊食品生产企业未按规定建立生产质量管理体系并有效运行，或者未定期提交自查报告；

（十一）食品生产经营者未定期对食品安全状况进行检查评价，或者生产经营条件发生变化，未按规定处理；

（十二）学校、托幼机构、养老机构、建筑工地等集中用餐单位未按规定履行食品安全管理责任；

（十三）食品生产企业、餐饮服务提供者未按规定制定、实施生产经营过程控制要求。

餐具、饮具集中消毒服务单位违反本法规定用水，使用洗涤剂、消毒剂，或者出厂的餐具、饮具未按规定检验合格并随附消毒合格证明，或者未按规定在独立包装上标注相关内容的，由县级以上人民政府卫生行政部门依照前款规定给予处罚。

食品相关产品生产者未按规定对生产的食品相关产品进行检验的，由县级以上人民政府食品安全监督管理部门依照第一款规定给予处罚。

食用农产品销售者违反本法第六十五条规定的，由县级以上人民政府食品安全监督管理部门依照第一款规定给予处罚。

第一百二十七条 对食品生产加工小作坊、食品摊贩等的违法行为的处罚，依照省、自治区、直辖市制定的具体管理办法执行。

第一百二十八条 违反本法规定，事故单位在发生食品安全事故后未进行处置、报告的，由有关主管部门按照各自职责分工责令改正，给予警告；隐匿、伪造、毁灭有关证据的，责令停产停业，没收违法所得，并处十万元以上五十万元以下罚款；造成严重后果的，吊销许可证。

第一百二十九条 违反本法规定，有下列情形之一的，由出入境检验检疫机构依照本法第一百二十四条的规定给予处罚：

（一）提供虚假材料，进口不符合我国食品安全国家标准的食品、食品添加剂、食品相关产品；

（二）进口尚无食品安全国家标准的食品，未提交所执行的标准并经国务院卫生行政部门审查，或者进口利用新的食品原料生产的食品或者进口食品添加剂新品种、食品相关产品新品种，未通过安全性评估；

（三）未遵守本法的规定出口食品；

（四）进口商在有关主管部门责令其依照本法规定召回进口的食品后，仍拒不召回。

违反本法规定，进口商未建立并遵守食品、食品添加剂进口和销售记录制度、境外出口商或者生产企业审核制度的，由出入境检验检疫机构依照本法第一百二十六条的规定给予处罚。

第一百三十条　违反本法规定，集中交易市场的开办者、柜台出租者、展销会的举办者允许未依法取得许可的食品经营者进入市场销售食品，或者未履行检查、报告等义务的，由县级以上人民政府食品安全监督管理部门责令改正，没收违法所得，并处五万元以上二十万元以下罚款；造成严重后果的，责令停业，直至由原发证部门吊销许可证；使消费者的合法权益受到损害的，应当与食品经营者承担连带责任。

食用农产品批发市场违反本法第六十四条规定的，依照前款规定承担责任。

第一百三十一条　违反本法规定，网络食品交易第三方平台提供者未对入网食品经营者进行实名登记、审查许可证，或者未履行报告、停止提供网络交易平台服务等义务的，由县级以上人民政府食品安全监督管理部门责令改正，没收违法所得，并处五万元以上二十万元以下罚款；造成严重后果的，责令停业，直至由原发证部门吊销许可证；使消费者的合法权益受到损害的，应当与食品经营者承担连带责任。

消费者通过网络食品交易第三方平台购买食品，其合法权益受到损害的，可以向入网食品经营者或者食品生产者要求赔偿。网络食品交易第三方平台提供者不能提供入网食品经营者的真实名称、地址和有效联系方式的，由网络食品交易第三方平台提供者赔偿。网络食品交易第三方平台提供者赔偿后，有权向入网食品经营者或者食品生产者追偿。网络食品交易第三方平台提供者作出更有利于消费者承诺的，应当履行其承诺。

第一百三十二条　违反本法规定，未按要求进行食品贮存、运输和装卸的，由县级以上人民政府食品安全监督管理等部门按照各自职责分工责令改正，给予警告；拒不改正的，责令停产停业，并处一万元以上五万元以下罚款；情节严重的，吊销许可证。

第一百三十三条　违反本法规定，拒绝、阻挠、干涉有关部门、机构及其工作人员依法开展食品安全监督检查、事故调查处理、风险监测和风险评估的，由有关主管部门按照各自职责分工责令停产停业，并处二千元以上五万元以下罚款；情节严重的，吊销许可证；构成违反治安管理行为的，由公安机关依法给予治安管理处罚。

违反本法规定，对举报人以解除、变更劳动合同或者其他方式打击报复的，应当依照有关法律的规定承担责任。

第一百三十四条　食品生产经营者在一年内累计三次因违反本法规定受到责令停产停业、吊销许可证以外处罚的，由食品安全监督管理部门责令停产停业，直至吊销许可证。

第一百三十五条　被吊销许可证的食品生产经营者及其法定代表人、直接负责的主管人员和其他直接责任人员自处罚决定作出之日起五年内不得申请食品生产经营许可，或者从事食品生产经营管理工作、担任食品生产经营企业食品安全管理人员。

因食品安全犯罪被判处有期徒刑以上刑罚的，终身不得从事食品生产经营管理工作，也不得担任食品生产经营企业食品安全管理人员。

食品生产经营者聘用人员违反前两款规定的，由县级以上人民政府食品安全监督管理部门吊销许可证。

第一百三十六条　食品经营者履行了本法规定的进货查验等义务，有充分证据证明其不知道所采购的食品不符合食品安全标准，并能如实说明其进货来源的，可以免予处罚，但应当依法没收其不符合食品安全标准的食品；造成人身、财产或者其他损害的，依法承担赔偿责任。

第一百三十七条　违反本法规定，承担食品安全风险监测、风险评估工作的技术机构、技术人员提供虚假监测、评估信息的，依法对技术机构直接负责的主管人员和技术人员给予撤职、开除处分；有执业资格的，由授予其资格的主管部门吊销执业证书。

第一百三十八条 违反本法规定，食品检验机构、食品检验人员出具虚假检验报告的，由授予其资质的主管部门或者机构撤销该食品检验机构的检验资质，没收所收取的检验费用，并处检验费用五倍以上十倍以下罚款，检验费用不足一万元的，并处五万元以上十万元以下罚款；依法对食品检验机构直接负责的主管人员和食品检验人员给予撤职或者开除处分；导致发生重大食品安全事故的，对直接负责的主管人员和食品检验人员给予开除处分。

违反本法规定，受到开除处分的食品检验机构人员，自处分决定作出之日起十年内不得从事食品检验工作；因食品安全违法行为受到刑事处罚或者因出具虚假检验报告导致发生重大食品安全事故受到开除处分的食品检验机构人员，终身不得从事食品检验工作。食品检验机构聘用不得从事食品检验工作的人员的，由授予其资质的主管部门或者机构撤销该食品检验机构的检验资质。

食品检验机构出具虚假检验报告，使消费者的合法权益受到损害的，应当与食品生产经营者承担连带责任。

第一百三十九条 违反本法规定，认证机构出具虚假认证结论，由认证认可监督管理部门没收所收取的认证费用，并处认证费用五倍以上十倍以下罚款，认证费用不足一万元的，并处五万元以上十万元以下罚款；情节严重的，责令停业，直至撤销认证机构批准文件，并向社会公布；对直接负责的主管人员和负有直接责任的认证人员，撤销其执业资格。

认证机构出具虚假认证结论，使消费者的合法权益受到损害的，应当与食品生产经营者承担连带责任。

第一百四十条 违反本法规定，在广告中对食品作虚假宣传，欺骗消费者，或者发布未取得批准文件、广告内容与批准文件不一致的保健食品广告的，依照《中华人民共和国广告法》的规定给予处罚。

广告经营者、发布者设计、制作、发布虚假食品广告，使消费者的合法权益受到损害的，应当与食品生产经营者承担连带责任。

社会团体或者其他组织、个人在虚假广告或者其他虚假宣传中向消费者推荐食品，使消费者的合法权益受到损害的，应当与食品生产经营者承担连带责任。

违反本法规定，食品安全监督管理等部门、食品检验机构、食品行业协会以广告或者其他形式向消费者推荐食品，消费者组织以收取费用或者其他牟取利益的方式向消费者推荐食品的，由有关主管部门没收违法所得，依法对直接负责的主管人员和其他直接责任人员给予记大过、降级或者撤职处分；情节严重的，给予开除处分。

对食品作虚假宣传且情节严重的，由省级以上人民政府食品安全监督管理部门决定暂停销售该食品，并向社会公布；仍然销售该食品的，由县级以上人民政府食品安全监督管理部门没收违法所得和违法销售的食品，并处二万元以上五万元以下罚款。

第一百四十一条 违反本法规定，编造、散布虚假食品安全信息，构成违反治安管理行为的，由公安机关依法给予治安管理处罚。

媒体编造、散布虚假食品安全信息的，由有关主管部门依法给予处罚，并对直接负责的主管人员和其他直接责任人员给予处分；使公民、法人或者其他组织的合法权益受到损害的，依法承担消除影响、恢复名誉、赔偿损失、赔礼道歉等民事责任。

第一百四十二条 违反本法规定，县级以上地方人民政府有下列行为之一的，对直接负责的主管人员和其他直接责任人员给予记大过处分；情节较重的，给予降级或者撤职处分；情节严重的，给予开除处分；造成严重后果的，其主要负责人还应当引咎辞职：

（一）对发生在本行政区域内的食品安全事故，未及时组织协调有关部门开展有效处置，造成不良影响或者损失；

（二）对本行政区域内涉及多环节的区域性食品安全问题，未及时组织整治，造成不良影响或者损失；

（三）隐瞒、谎报、缓报食品安全事故；

（四）本行政区域内发生特别重大食品安全事故，或者连续发生重大食品安全事故。

第一百四十三条 违反本法规定，县级以上地方人民政府有下列行为之一的，对直接负责的主管人员和其他直接责任人员给予警告、记过或者记大过处分；造成严重后果的，给予降级或者撤职处分：

（一）未确定有关部门的食品安全监督管理职责，未建立健全食品安全全程监督管理工作机制和信息共享机制，未落实食品安全监督管理责任制；

（二）未制定本行政区域的食品安全事故应急预案，或者发生食品安全事故后未按规定立即成立事故处置指挥机构、启动应急预案。

第一百四十四条 违反本法规定，县级以上人民政府食品安全监督管理、卫生行政、农业行政等部门有下列行为之一的，对直接负责的主管人员和其他直接责任人员给予记大过处分；情节较重的，给予降级或者撤职处分；情节严重的，给予开除处分；造成严重后果的，其主要负责人还应当引咎辞职：

（一）隐瞒、谎报、缓报食品安全事故；

（二）未按规定查处食品安全事故，或者接到食品安全事故报告未及时处理，造成事故扩大或者蔓延；

（三）经食品安全风险评估得出食品、食品添加剂、食品相关产品不安全结论后，未及时采取相应措施，造成食品安全事故或者不良社会影响；

（四）对不符合条件的申请人准予许可，或者超越法定职权准予许可；

（五）不履行食品安全监督管理职责，导致发生食品安全事故。

第一百四十五条 违反本法规定，县级以上人民政府食品安全监督管理、卫生行政、农业行政等部门有下列行为之一，造成不良后果的，对直接负责的主管人员和其他直接责任人员给予警告、记过或者记大过处分；情节较重的，给予降级或者撤职处分；情节严重的，给予开除处分：

（一）在获知有关食品安全信息后，未按规定向上级主管部门和本级人民政府报告，或者未按规定相互通报；

（二）未按规定公布食品安全信息；

（三）不履行法定职责，对查处食品安全违法行为不配合，或者滥用职权、玩忽职守、徇私舞弊。

第一百四十六条 食品安全监督管理等部门在履行食品安全监督管理职

责过程中，违法实施检查、强制等执法措施，给生产经营者造成损失的，应当依法予以赔偿，对直接负责的主管人员和其他直接责任人员依法给予处分。

第一百四十七条　违反本法规定，造成人身、财产或者其他损害的，依法承担赔偿责任。生产经营者财产不足以同时承担民事赔偿责任和缴纳罚款、罚金时，先承担民事赔偿责任。

第一百四十八条　消费者因不符合食品安全标准的食品受到损害的，可以向经营者要求赔偿损失，也可以向生产者要求赔偿损失。接到消费者赔偿要求的生产经营者，应当实行首负责任制，先行赔付，不得推诿；属于生产者责任的，经营者赔偿后有权向生产者追偿；属于经营者责任的，生产者赔偿后有权向经营者追偿。

生产不符合食品安全标准的食品或者经营明知是不符合食品安全标准的食品，消费者除要求赔偿损失外，还可以向生产者或者经营者要求支付价款十倍或者损失三倍的赔偿金；增加赔偿的金额不足一千元的，为一千元。但是，食品的标签、说明书存在不影响食品安全且不会对消费者造成误导的瑕疵的除外。

第一百四十九条　违反本法规定，构成犯罪的，依法追究刑事责任。

第十章　附　　则

第一百五十条　本法下列用语的含义：

食品，指各种供人食用或者饮用的成品和原料以及按照传统既是食品又是中药材的物品，但是不包括以治疗为目的的物品。

食品安全，指食品无毒、无害，符合应当有的营养要求，对人体健康不造成任何急性、亚急性或者慢性危害。

预包装食品，指预先定量包装或者制作在包装材料、容器中的食品。

食品添加剂，指为改善食品品质和色、香、味以及为防腐、保鲜和加工工艺的需要而加入食品中的人工合成或者天然物质，包括营养强化剂。

用于食品的包装材料和容器，指包装、盛放食品或者食品添加剂用的纸、竹、木、金属、搪瓷、陶瓷、塑料、橡胶、天然纤维、化学纤维、玻璃等制品和直接接触食品或者食品添加剂的涂料。

用于食品生产经营的工具、设备，指在食品或者食品添加剂生产、销售、使用过程中直接接触食品或者食品添加剂的机械、管道、传送带、容器、用具、餐具等。

用于食品的洗涤剂、消毒剂，指直接用于洗涤或者消毒食品、餐具、饮具以及直接接触食品的工具、设备或者食品包装材料和容器的物质。

食品保质期，指食品在标明的贮存条件下保持品质的期限。

食源性疾病，指食品中致病因素进入人体引起的感染性、中毒性等疾病，包括食物中毒。

食品安全事故，指食源性疾病、食品污染等源于食品，对人体健康有危害或者可能有危害的事故。

第一百五十一条 转基因食品和食盐的食品安全管理，本法未作规定的，适用其他法律、行政法规的规定。

第一百五十二条 铁路、民航运营中食品安全的管理办法由国务院食品安全监督管理部门会同国务院有关部门依照本法制定。

保健食品的具体管理办法由国务院食品安全监督管理部门依照本法制定。

食品相关产品生产活动的具体管理办法由国务院食品安全监督管理部门依照本法制定。

国境口岸食品的监督管理由出入境检验检疫机构依照本法以及有关法律、行政法规的规定实施。

军队专用食品和自供食品的食品安全管理办法由中央军事委员会依照本法制定。

第一百五十三条 国务院根据实际需要，可以对食品安全监督管理体制作出调整。

第一百五十四条 本法自 2015 年 10 月 1 日起施行。

中华人民共和国食品安全法实施条例

（2009 年 7 月 20 日中华人民共和国国务院令第 557 号公布　根据 2016 年 2 月 6 日《国务院关于修改部分行政法规的决定》修订　2019 年 3 月 26 日国务院第 42 次常务会议修订通过　2019 年 10 月 11 日中华人民共和国国务院令第 721 号公布　自 2019 年 12 月 1 日起施行）

第一章　总　　则

第一条　根据《中华人民共和国食品安全法》(以下简称食品安全法)，制定本条例。

第二条　食品生产经营者应当依照法律、法规和食品安全标准从事生产经营活动，建立健全食品安全管理制度，采取有效措施预防和控制食品安全风险，保证食品安全。

第三条　国务院食品安全委员会负责分析食品安全形势，研究部署、统筹指导食品安全工作，提出食品安全监督管理的重大政策措施，督促落实食品安全监督管理责任。县级以上地方人民政府食品安全委员会按照本级人民政府规定的职责开展工作。

第四条　县级以上人民政府建立统一权威的食品安全监督管理体制，加强食品安全监督管理能力建设。

县级以上人民政府食品安全监督管理部门和其他有关部门应当依法履行职责，加强协调配合，做好食品安全监督管理工作。

乡镇人民政府和街道办事处应当支持、协助县级人民政府食品安全监督管理部门及其派出机构依法开展食品安全监督管理工作。

第五条　国家将食品安全知识纳入国民素质教育内容，普及食品安全科学常识和法律知识，提高全社会的食品安全意识。

第二章　食品安全风险监测和评估

第六条　县级以上人民政府卫生行政部门会同同级食品安全监督管理等部门建立食品安全风险监测会商机制，汇总、分析风险监测数据，研判食品安全风险，形成食品安全风险监测分析报告，报本级人民政府；县级以上地方人民政府卫生行政部门还应当将食品安全风险监测分析报告同时报上一级人民政府卫生行政部门。食品安全风险监测会商的具体办法由国务院卫生行政部门会同国务院食品安全监督管理等部门制定。

第七条　食品安全风险监测结果表明存在食品安全隐患，食品安全监督管理等部门经进一步调查确认有必要通知相关食品生产经营者的，应当及时通知。

接到通知的食品生产经营者应当立即进行自查，发现食品不符合食品安全标准或者有证据证明可能危害人体健康的，应当依照食品安全法第六十三条的规定停止生产、经营，实施食品召回，并报告相关情况。

第八条　国务院卫生行政、食品安全监督管理等部门发现需要对农药、肥料、兽药、饲料和饲料添加剂等进行安全性评估的，应当向国务院农业行政部门提出安全性评估建议。国务院农业行政部门应当及时组织评估，并向国务院有关部门通报评估结果。

第九条　国务院食品安全监督管理部门和其他有关部门建立食品安全风险信息交流机制，明确食品安全风险信息交流的内容、程序和要求。

第三章　食品安全标准

第十条　国务院卫生行政部门会同国务院食品安全监督管理、农业行政等部门制定食品安全国家标准规划及其年度实施计划。国务院卫生行政部门应当在其网站上公布食品安全国家标准规划及其年度实施计划的草案，公开征求意见。

第十一条　省、自治区、直辖市人民政府卫生行政部门依照食品安全法第二十九条的规定制定食品安全地方标准，应当公开征求意见。省、自治区、直辖市人民政府卫生行政部门应当自食品安全地方标准公布之日起 30 个工作日内，将地方标准报国务院卫生行政部门备案。国务院卫生行政部门发现备案的食品安全地方标准违反法律、法规或者食品安全国家标准的，应当及时予以纠正。

食品安全地方标准依法废止的，省、自治区、直辖市人民政府卫生行政部门应当及时在其网站上公布废止情况。

第十二条 保健食品、特殊医学用途配方食品、婴幼儿配方食品等特殊食品不属于地方特色食品，不得对其制定食品安全地方标准。

第十三条 食品安全标准公布后，食品生产经营者可以在食品安全标准规定的实施日期之前实施并公开提前实施情况。

第十四条 食品生产企业不得制定低于食品安全国家标准或者地方标准要求的企业标准。食品生产企业制定食品安全指标严于食品安全国家标准或者地方标准的企业标准的，应当报省、自治区、直辖市人民政府卫生行政部门备案。

食品生产企业制定企业标准的，应当公开，供公众免费查阅。

第四章　食品生产经营

第十五条 食品生产经营许可的有效期为 5 年。

食品生产经营者的生产经营条件发生变化，不再符合食品生产经营要求的，食品生产经营者应当立即采取整改措施；需要重新办理许可手续的，应当依法办理。

第十六条 国务院卫生行政部门应当及时公布新的食品原料、食品添加剂新品种和食品相关产品新品种目录以及所适用的食品安全国家标准。

对按照传统既是食品又是中药材的物质目录，国务院卫生行政部门会同国务院食品安全监督管理部门应当及时更新。

第十七条 国务院食品安全监督管理部门会同国务院农业行政等有关部门明确食品安全全程追溯基本要求，指导食品生产经营者通过信息化手段建立、完善食品安全追溯体系。

食品安全监督管理等部门应当将婴幼儿配方食品等针对特定人群的食品以及其他食品安全风险较高或者销售量大的食品的追溯体系建设作为监督检查的重点。

第十八条　食品生产经营者应当建立食品安全追溯体系，依照食品安全法的规定如实记录并保存进货查验、出厂检验、食品销售等信息，保证食品可追溯。

第十九条　食品生产经营企业的主要负责人对本企业的食品安全工作全面负责，建立并落实本企业的食品安全责任制，加强供货者管理、进货查验和出厂检验、生产经营过程控制、食品安全自查等工作。食品生产经营企业的食品安全管理人员应当协助企业主要负责人做好食品安全管理工作。

第二十条　食品生产经营企业应当加强对食品安全管理人员的培训和考核。食品安全管理人员应当掌握与其岗位相适应的食品安全法律、法规、标准和专业知识，具备食品安全管理能力。食品安全监督管理部门应当对企业食品安全管理人员进行随机监督抽查考核。考核指南由国务院食品安全监督管理部门制定、公布。

第二十一条　食品、食品添加剂生产经营者委托生产食品、食品添加剂的，应当委托取得食品生产许可、食品添加剂生产许可的生产者生产，并对其生产行为进行监督，对委托生产的食品、食品添加剂的安全负责。受托方应当依照法律、法规、食品安全标准以及合同约定进行生产，对生产行为负责，并接受委托方的监督。

第二十二条　食品生产经营者不得在食品生产、加工场所贮存依照本条例第六十三条规定制定的名录中的物质。

第二十三条　对食品进行辐照加工，应当遵守食品安全国家标准，并按照食品安全国家标准的要求对辐照加工食品进行检验和标注。

第二十四条　贮存、运输对温度、湿度等有特殊要求的食品，应当具备保温、冷藏或者冷冻等设备设施，并保持有效运行。

第二十五条　食品生产经营者委托贮存、运输食品的，应当对受托方的食品安全保障能力进行审核，并监督受托方按照保证食品安全的要求贮存、运输食品。受托方应当保证食品贮存、运输条件符合食品安全的要求，加强食品贮存、运输过程管理。

接受食品生产经营者委托贮存、运输食品的，应当如实记录委托方和收货方的名称、地址、联系方式等内容。记录保存期限不得少于贮存、运输结束后 2 年。

非食品生产经营者从事对温度、湿度等有特殊要求的食品贮存业务的，应当自取得营业执照之日起 30 个工作日内向所在地县级人民政府食品安全监督管理部门备案。

第二十六条　餐饮服务提供者委托餐具饮具集中消毒服务单位提供清洗消毒服务的，应当查验、留存餐具饮具集中消毒服务单位的营业执照复印件和消毒合格证明。保存期限不得少于消毒餐具饮具使用期限到期后 6 个月。

第二十七条　餐具饮具集中消毒服务单位应当建立餐具饮具出厂检验记录制度，如实记录出厂餐具饮具的数量、消毒日期和批号、使用期限、出厂日期以及委托方名称、地址、联系方式等内容。出厂检验记录保存期限不得少于消毒餐具饮具使用期限到期后 6 个月。消毒后的餐具饮具应当在独立包装上标注单位名称、地址、联系方式、消毒日期和批号以及使用期限等内容。

第二十八条　学校、托幼机构、养老机构、建筑工地等集中用餐单位的食堂应当执行原料控制、餐具饮具清洗消毒、食品留样等制度，并依照食品安全法第四十七条的规定定期开展食堂食品安全自查。

承包经营集中用餐单位食堂的，应当依法取得食品经营许可，并对食堂的食品安全负责。集中用餐单位应当督促承包方落实食品安全管理制度，承担管理责任。

第二十九条　食品生产经营者应当对变质、超过保质期或者回收的食品进行显著标示或者单独存放在有明确标志的场所，及时采取无害化处理、销毁等措施并如实记录。

食品安全法所称回收食品，是指已经售出，因违反法律、法规、食品安全标准或者超过保质期等原因，被召回或者退回的食品，不包括依照食品安全法第六十三条第三款的规定可以继续销售的食品。

第三十条　县级以上地方人民政府根据需要建设必要的食品无害化处理和销毁设施。食品生产经营者可以按照规定使用政府建设的设施对食品进行无害化处理或者予以销毁。

第三十一条　食品集中交易市场的开办者、食品展销会的举办者应当在市场开业或者展销会举办前向所在地县级人民政府食品安全监督管理部门报告。

第三十二条　网络食品交易第三方平台提供者应当妥善保存入网食品经营者的登记信息和交易信息。县级以上人民政府食品安全监督管理部门开展食品安全监督检查、食品安全案件调查处理、食品安全事故处置确需了解有关信息的，经其负责人批准，可以要求网络食品交易第三方平台提供者提供，网络食品交易第三方平台提供者应当按照要求提供。县级以上人民政府食品安全监督管理部门及其工作人员对网络食品交易第三方平台提供者提供的信息依法负有保密义务。

第三十三条　生产经营转基因食品应当显著标示，标示办法由国务院食品安全监督管理部门会同国务院农业行政部门制定。

第三十四条　禁止利用包括会议、讲座、健康咨询在内的任何方式对食品进行虚假宣传。食品安全监督管理部门发现虚假宣传行为的，应当依法及时处理。

第三十五条　保健食品生产工艺有原料提取、纯化等前处理工序的，生产企业应当具备相应的原料前处理能力。

第三十六条　特殊医学用途配方食品生产企业应当按照食品安全国家标准规定的检验项目对出厂产品实施逐批检验。

特殊医学用途配方食品中的特定全营养配方食品应当通过医疗机构或者药品零售企业向消费者销售。医疗机构、药品零售企业销售特定全营养配方食品的，不需要取得食品经营许可，但是应当遵守食品安全法和本条例关于食品销售的规定。

第三十七条　特殊医学用途配方食品中的特定全营养配方食品广告按照处方药广告管理，其他类别的特殊医学用途配方食品广告按照非处方药广告管理。

第三十八条 对保健食品之外的其他食品，不得声称具有保健功能。

对添加食品安全国家标准规定的选择性添加物质的婴幼儿配方食品，不得以选择性添加物质命名。

第三十九条 特殊食品的标签、说明书内容应当与注册或者备案的标签、说明书一致。销售特殊食品，应当核对食品标签、说明书内容是否与注册或者备案的标签、说明书一致，不一致的不得销售。省级以上人民政府食品安全监督管理部门应当在其网站上公布注册或者备案的特殊食品的标签、说明书。

特殊食品不得与普通食品或者药品混放销售。

第五章　食品检验

第四十条 对食品进行抽样检验，应当按照食品安全标准、注册或者备案的特殊食品的产品技术要求以及国家有关规定确定的检验项目和检验方法进行。

第四十一条 对可能掺杂掺假的食品，按照现有食品安全标准规定的检验项目和检验方法以及依照食品安全法第一百一十一条和本条例第六十三条规定制定的检验项目和检验方法无法检验的，国务院食品安全监督管理部门可以制定补充检验项目和检验方法，用于对食品的抽样检验、食品安全案件调查处理和食品安全事故处置。

第四十二条 依照食品安全法第八十八条的规定申请复检的，申请人应当向复检机构先行支付复检费用。复检结论表明食品不合格的，复检费用由复检申请人承担；复检结论表明食品合格的，复检费用由实施抽样检验的食品安全监督管理部门承担。

复检机构无正当理由不得拒绝承担复检任务。

第四十三条 任何单位和个人不得发布未依法取得资质认定的食品检验机构出具的食品检验信息，不得利用上述检验信息对食品、食品生产经营者进行等级评定，欺骗、误导消费者。

第六章　食品进出口

第四十四条　进口商进口食品、食品添加剂，应当按照规定向出入境检验检疫机构报检，如实申报产品相关信息，并随附法律、行政法规规定的合格证明材料。

第四十五条　进口食品运达口岸后，应当存放在出入境检验检疫机构指定或者认可的场所；需要移动的，应当按照出入境检验检疫机构的要求采取必要的安全防护措施。大宗散装进口食品应当在卸货口岸进行检验。

第四十六条　国家出入境检验检疫部门根据风险管理需要，可以对部分食品实行指定口岸进口。

第四十七条　国务院卫生行政部门依照食品安全法第九十三条的规定对境外出口商、境外生产企业或者其委托的进口商提交的相关国家（地区）标准或者国际标准进行审查，认为符合食品安全要求的，决定暂予适用并予以公布；暂予适用的标准公布前，不得进口尚无食品安全国家标准的食品。

食品安全国家标准中通用标准已经涵盖的食品不属于食品安全法第九十三条规定的尚无食品安全国家标准的食品。

第四十八条　进口商应当建立境外出口商、境外生产企业审核制度，重点审核境外出口商、境外生产企业制定和执行食品安全风险控制措施的情况以及向我国出口的食品是否符合食品安全法、本条例和其他有关法律、行政法规的规定以及食品安全国家标准的要求。

第四十九条　进口商依照食品安全法第九十四条第三款的规定召回进口食品的，应当将食品召回和处理情况向所在地县级人民政府食品安全监督管理部门和所在地出入境检验检疫机构报告。

第五十条　国家出入境检验检疫部门发现已经注册的境外食品生产企业不再符合注册要求的，应当责令其在规定期限内整改，整改期间暂停进口其生产的食品；经整改仍不符合注册要求的，国家出入境检验检疫部门应当撤销境外食品生产企业注册并公告。

第五十一条　对通过我国良好生产规范、危害分析与关键控制点体系认证的境外生产企业，认证机构应当依法实施跟踪调查。对不再符合认证要求的企业，认证机构应当依法撤销认证并向社会公布。

第五十二条　境外发生的食品安全事件可能对我国境内造成影响，或者在进口食品、食品添加剂、食品相关产品中发现严重食品安全问题的，国家出入境检验检疫部门应当及时进行风险预警，并可以对相关的食品、食品添加剂、食品相关产品采取下列控制措施：

（一）退货或者销毁处理；

（二）有条件地限制进口；

（三）暂停或者禁止进口。

第五十三条　出口食品、食品添加剂的生产企业应当保证其出口食品、食品添加剂符合进口国家（地区）的标准或者合同要求；我国缔结或者参加的国际条约、协定有要求的，还应当符合国际条约、协定的要求。

第七章　食品安全事故处置

第五十四条　食品安全事故按照国家食品安全事故应急预案实行分级管理。县级以上人民政府食品安全监督管理部门会同同级有关部门负责食品安全事故调查处理。

县级以上人民政府应当根据实际情况及时修改、完善食品安全事故应急预案。

第五十五条　县级以上人民政府应当完善食品安全事故应急管理机制，改善应急装备，做好应急物资储备和应急队伍建设，加强应急培训、演练。

第五十六条　发生食品安全事故的单位应当对导致或者可能导致食品安全事故的食品及原料、工具、设备、设施等，立即采取封存等控制措施。

第五十七条　县级以上人民政府食品安全监督管理部门接到食品安全事故报告后，应当立即会同同级卫生行政、农业行政等部门依照食品安全法第一百零五条的规定进行调查处理。食品安全监督管理部门应当对事故单位封存的食品及原料、工具、设备、设施等予以保护，需要封存而事故单位尚未封存的应当直接封存或者责令事故单位立即封存，并通知疾病预防控制机构对与事故有关的因素开展流行病学调查。

疾病预防控制机构应当在调查结束后向同级食品安全监督管理、卫生行政部门同时提交流行病学调查报告。

任何单位和个人不得拒绝、阻挠疾病预防控制机构开展流行病学调查。有关部门应当对疾病预防控制机构开展流行病学调查予以协助。

第五十八条　国务院食品安全监督管理部门会同国务院卫生行政、农业行政等部门定期对全国食品安全事故情况进行分析，完善食品安全监督管理措施，预防和减少事故的发生。

第八章　监督管理

第五十九条　设区的市级以上人民政府食品安全监督管理部门根据监督管理工作需要，可以对由下级人民政府食品安全监督管理部门负责日常监督管理的食品生产经营者实施随机监督检查，也可以组织下级人民政府食品安全监督管理部门对食品生产经营者实施异地监督检查。

设区的市级以上人民政府食品安全监督管理部门认为必要的，可以直接调查处理下级人民政府食品安全监督管理部门管辖的食品安全违法案件，也可以指定其他下级人民政府食品安全监督管理部门调查处理。

第六十条　国家建立食品安全检查员制度，依托现有资源加强职业化检查员队伍建设，强化考核培训，提高检查员专业化水平。

第六十一条　县级以上人民政府食品安全监督管理部门依照食品安全法第一百一十条的规定实施查封、扣押措施，查封、扣押的期限不得超过 30 日；情况复杂的，经实施查封、扣押措施的食品安全监督管理部门负责人批准，可以延长，延长期限不得超过 45 日。

第六十二条　网络食品交易第三方平台多次出现入网食品经营者违法经营或者入网食品经营者的违法经营行为造成严重后果的，县级以上人民政府食品安全监督管理部门可以对网络食品交易第三方平台提供者的法定代表人或者主要负责人进行责任约谈。

第六十三条　国务院食品安全监督管理部门会同国务院卫生行政等部门

根据食源性疾病信息、食品安全风险监测信息和监督管理信息等，对发现的添加或者可能添加到食品中的非食品用化学物质和其他可能危害人体健康的物质，制定名录及检测方法并予以公布。

第六十四条　县级以上地方人民政府卫生行政部门应当对餐具饮具集中消毒服务单位进行监督检查，发现不符合法律、法规、国家相关标准以及相关卫生规范等要求的，应当及时调查处理。监督检查的结果应当向社会公布。

第六十五条　国家实行食品安全违法行为举报奖励制度，对查证属实的举报，给予举报人奖励。举报人举报所在企业食品安全重大违法犯罪行为的，应当加大奖励力度。有关部门应当对举报人的信息予以保密，保护举报人的合法权益。食品安全违法行为举报奖励办法由国务院食品安全监督管理部门会同国务院财政等有关部门制定。

食品安全违法行为举报奖励资金纳入各级人民政府预算。

第六十六条　国务院食品安全监督管理部门应当会同国务院有关部门建立守信联合激励和失信联合惩戒机制，结合食品生产经营者信用档案，建立严重违法生产经营者黑名单制度，将食品安全信用状况与准入、融资、信贷、征信等相衔接，及时向社会公布。

第九章　法律责任

第六十七条　有下列情形之一的，属于食品安全法第一百二十三条至第一百二十六条、第一百三十二条以及本条例第七十二条、第七十三条规定的情节严重情形：

（一）违法行为涉及的产品货值金额 2 万元以上或者违法行为持续时间 3 个月以上；

（二）造成食源性疾病并出现死亡病例，或者造成 30 人以上食源性疾病但未出现死亡病例；

（三）故意提供虚假信息或者隐瞒真实情况；

（四）拒绝、逃避监督检查；

（五）因违反食品安全法律、法规受到行政处罚后 1 年内又实施同一性质的食品安全违法行为，或者因违反食品安全法律、法规受到刑事处罚后又实施食品安全违法行为；

（六）其他情节严重的情形。

对情节严重的违法行为处以罚款时，应当依法从重从严。

第六十八条　有下列情形之一的，依照食品安全法第一百二十五条第一款、本条例第七十五条的规定给予处罚：

（一）在食品生产、加工场所贮存依照本条例第六十三条规定制定的名录中的物质；

（二）生产经营的保健食品之外的食品的标签、说明书声称具有保健功能；

（三）以食品安全国家标准规定的选择性添加物质命名婴幼儿配方食品；

（四）生产经营的特殊食品的标签、说明书内容与注册或者备案的标签、说明书不一致。

第六十九条　有下列情形之一的，依照食品安全法第一百二十六条第一款、本条例第七十五条的规定给予处罚：

（一）接受食品生产经营者委托贮存、运输食品，未按照规定记录保存信息；

（二）餐饮服务提供者未查验、留存餐具饮具集中消毒服务单位的营业执照复印件和消毒合格证明；

（三）食品生产经营者未按照规定对变质、超过保质期或者回收的食品进行标示或者存放，或者未及时对上述食品采取无害化处理、销毁等措施并如实记录；

（四）医疗机构和药品零售企业之外的单位或者个人向消费者销售特殊医学用途配方食品中的特定全营养配方食品；

（五）将特殊食品与普通食品或者药品混放销售。

第七十条　除食品安全法第一百二十五条第一款、第一百二十六条规定的情形外，食品生产经营者的生产经营行为不符合食品安全法第三十三条第一款第五项、第七项至第十项的规定，或者不符合有关食品生产经营过程要求的食品安全国家标准的，依照食品安全法第一百二十六条第一款、本条例

第七十五条的规定给予处罚。

第七十一条 餐具饮具集中消毒服务单位未按照规定建立并遵守出厂检验记录制度的，由县级以上人民政府卫生行政部门依照食品安全法第一百二十六条第一款、本条例第七十五条的规定给予处罚。

第七十二条 从事对温度、湿度等有特殊要求的食品贮存业务的非食品生产经营者，食品集中交易市场的开办者、食品展销会的举办者，未按照规定备案或者报告的，由县级以上人民政府食品安全监督管理部门责令改正，给予警告；拒不改正的，处 1 万元以上 5 万元以下罚款；情节严重的，责令停产停业，并处 5 万元以上 20 万元以下罚款。

第七十三条 利用会议、讲座、健康咨询等方式对食品进行虚假宣传的，由县级以上人民政府食品安全监督管理部门责令消除影响，有违法所得的，没收违法所得；情节严重的，依照食品安全法第一百四十条第五款的规定进行处罚；属于单位违法的，还应当依照本条例第七十五条的规定对单位的法定代表人、主要负责人、直接负责的主管人员和其他直接责任人员给予处罚。

第七十四条 食品生产经营者生产经营的食品符合食品安全标准但不符合食品所标注的企业标准规定的食品安全指标的，由县级以上人民政府食品安全监督管理部门给予警告，并责令食品经营者停止经营该食品，责令食品生产企业改正；拒不停止经营或者改正的，没收不符合企业标准规定的食品安全指标的食品，货值金额不足 1 万元的，并处 1 万元以上 5 万元以下罚款，货值金额 1 万元以上的，并处货值金额 5 倍以上 10 倍以下罚款。

第七十五条 食品生产经营企业等单位有食品安全法规定的违法情形，除依照食品安全法的规定给予处罚外，有下列情形之一的，对单位的法定代表人、主要负责人、直接负责的主管人员和其他直接责任人员处以其上一年度从本单位取得收入的 1 倍以上 10 倍以下罚款：

（一）故意实施违法行为；

（二）违法行为性质恶劣；

（三）违法行为造成严重后果。

属于食品安全法第一百二十五条第二款规定情形的，不适用前款规定。

第七十六条 食品生产经营者依照食品安全法第六十三条第一款、第二款的规定停止生产、经营，实施食品召回，或者采取其他有效措施减轻或者消除食品安全风险，未造成危害后果的，可以从轻或者减轻处罚。

第七十七条 县级以上地方人民政府食品安全监督管理等部门对有食品安全法第一百二十三条规定的违法情形且情节严重，可能需要行政拘留的，应当及时将案件及有关材料移送同级公安机关。公安机关认为需要补充材料的，食品安全监督管理等部门应当及时提供。公安机关经审查认为不符合行政拘留条件的，应当及时将案件及有关材料退回移送的食品安全监督管理等部门。

第七十八条 公安机关对发现的食品安全违法行为，经审查没有犯罪事实或者立案侦查后认为不需要追究刑事责任，但依法应当予以行政拘留的，应当及时作出行政拘留的处罚决定；不需要予以行政拘留但依法应当追究其他行政责任的，应当及时将案件及有关材料移送同级食品安全监督管理等部门。

第七十九条 复检机构无正当理由拒绝承担复检任务的，由县级以上人民政府食品安全监督管理部门给予警告，无正当理由 1 年内 2 次拒绝承担复检任务的，由国务院有关部门撤销其复检机构资质并向社会公布。

第八十条 发布未依法取得资质认定的食品检验机构出具的食品检验信息，或者利用上述检验信息对食品、食品生产经营者进行等级评定，欺骗、误导消费者的，由县级以上人民政府食品安全监督管理部门责令改正，有违法所得的，没收违法所得，并处 10 万元以上 50 万元以下罚款；拒不改正的，处 50 万元以上 100 万元以下罚款；构成违反治安管理行为的，由公安机关依法给予治安管理处罚。

第八十一条 食品安全监督管理部门依照食品安全法、本条例对违法单位或者个人处以 30 万元以上罚款的，由设区的市级以上人民政府食品安全监督管理部门决定。罚款具体处罚权限由国务院食品安全监督管理部门规定。

第八十二条 阻碍食品安全监督管理等部门工作人员依法执行职务，构成违反治安管理行为的，由公安机关依法给予治安管理处罚。

第八十三条 县级以上人民政府食品安全监督管理等部门发现单位或者

个人违反食品安全法第一百二十条第一款规定，编造、散布虚假食品安全信息，涉嫌构成违反治安管理行为的，应当将相关情况通报同级公安机关。

第八十四条 县级以上人民政府食品安全监督管理部门及其工作人员违法向他人提供网络食品交易第三方平台提供者提供的信息的，依照食品安全法第一百四十五条的规定给予处分。

第八十五条 违反本条例规定，构成犯罪的，依法追究刑事责任。

第十章　附　　则

第八十六条 本条例自 2019 年 12 月 1 日起施行。

食品安全国家标准
食品经营过程卫生规范
（GB31621—2014）

1 范围

本标准规定了食品采购、运输、验收、贮存、分装与包装、销售等经营过程中的食品安全要求。

本标准适用于各种类型的食品经营活动。

本标准不适用于网络食品交易、餐饮服务、现制现售的食品经营活动。

2 采购

2.1 采购食品应依据国家相关规定查验供货者的许可证和食品合格证明文件，并建立合格供应商档案。

2.2 实行统一配送经营方式的食品经营企业，可以由企业总部统一查验供货者的许可证和食品合格证明文件，进行食品进货查验记录。

2.3 采购散装食品所使用的容器和包装材料应符合国家相关法律法规及标准的要求。

3 运输

3.1 运输食品应使用专用运输工具，并具备防雨、防尘设施。

3.2 根据食品安全相关要求，运输工具应具备相应的冷藏、冷冻设施或预防机械性损伤的保护性设施等，并保持正常运行。

3.3 运输工具和装卸食品的容器、工具和设备应保持清洁和定期消毒。

3.4 食品运输工具不得运输有毒有害物质，防止食品污染。

3.5 运输过程操作应轻拿轻放，避免食品受到机械性损伤。

3.6 食品在运输过程中应符合保证食品安全所需的温度等特殊要求。

3.7 应严格控制冷藏、冷冻食品装卸货时间，装卸货期间食品温度升高幅度不超过 3 ℃。

3.8　同一运输工具运输不同食品时，应做好分装、分离或分隔，防止交叉污染。

3.9　散装食品应采用符合国家相关法律法规及标准的食品容器或包装材料进行密封包装后运输，防止运输过程中受到污染。

4　验收

4.1　应依据国家相关法律法规及标准，对食品进行符合性验证和感官抽查，对有温度控制要求的食品应进行运输温度测定。

4.2　应查验食品合格证明文件，并留存相关证明。食品相关文件应属实且与食品有直接对应关系。具有特殊验收要求的食品，需按照相关规定执行。

4.3　应如实记录食品的名称、规格、数量、生产日期、保质期、进货日期以及供货者的名称、地址及联系方式等信息。记录、票据等文件应真实，保存期限不得少于食品保质期满后 6 个月；没有明确保质期的，保存期限不得少于两年。

4.4　食品验收合格后方可入库。不符合验收标准的食品不得接收，应单独存放，做好标记并尽快处理。

5　贮存

5.1　贮存场所应保持完好、环境整洁，与有毒、有害污染源有效分隔。

5.2　贮存场所地面应做到硬化，平坦防滑并易于清洁、消毒，并有适当的措施防止积水。

5.3　应有良好的通风、排气装置，保持空气清新无异味，避免日光直接照射。

5.4　对温度、湿度有特殊要求的食品，应确保贮存设备、设施满足相应的食品安全要求，冷藏库或冷冻库外部具备便于监测和控制的设备仪器，并定期校准、维护，确保准确有效。

5.5　贮存的物品应与墙壁、地面保持适当距离，防止虫害藏匿并利于空气流通。

5.6　生食与熟食等容易交叉污染的食品应采取适当的分隔措施，固定存放位置并明确标识。

5.7 贮存散装食品时，应在贮存位置标明食品的名称、生产日期、保质期、生产者名称及联系方式等内容。

5.8 应遵循先进先出的原则，定期检查库存食品，及时处理变质或超过保质期的食品。

5.9 贮存设备、工具、容器等应保持卫生清洁，并采取有效措施（如纱帘、纱网、防鼠板、防蝇灯、风幕等）防止鼠类昆虫等侵入，若发现有鼠类昆虫等痕迹时，应追查来源，消除隐患。

5.10 采用物理、化学或生物制剂进行虫害消杀处理时，不应影响食品安全，不应污染食品接触表面、设备、工具、容器及包装材料；不慎污染时，应及时彻底清洁，消除污染。

5.11 清洁剂、消毒剂、杀虫剂等物质应分别包装，明确标识，并与食品及包装材料分隔放置。

5.12 应记录食品进库、出库时间和贮存温度及其变化。

6 销售

6.1 应具有与经营食品品种、规模相适应的销售场所。销售场所应布局合理，食品经营区域与非食品经营区域分开设置，生食区域与熟食区域分开，待加工食品区域与直接入口食品区域分开，经营水产品的区域应与其他食品经营区域分开，防止交叉污染。

6.2 应具有与经营食品品种、规模相适应的销售设施和设备。与食品表面接触的设备、工具和容器，应使用安全、无毒、无异味、防吸收、耐腐蚀且可承受反复清洗和消毒的材料制作，易于清洁和保养。

6.3 销售场所的建筑设施、温度湿度控制、虫害控制的要求应参照5.1 ～ 5.5、5.9、5.10 的相关规定。

6.4 销售有温度控制要求的食品，应配备相应的冷藏、冷冻设备，并保持正常运转。

6.5 应配备设计合理、防止渗漏、易于清洁的废弃物存放专用设施，必要时应在适当地点设置废弃物临时存放设施，废弃物存放设施和容器应标识清晰并及时处理。

6.6　如需在裸露食品的正上方安装照明设施，应使用安全型照明设施或采取防护措施。

6.7　肉、蛋、奶、速冻食品等容易腐败变质的食品应建立相应的温度控制等食品安全控制措施并确保落实执行。

6.8　销售散装食品，应在散装食品的容器、外包装上标明食品的名称、成分或者配料表、生产日期、保质期、生产经营者名称及联系方式等内容，确保消费者能够得到明确和易于理解的信息。散装食品标注的生产日期应与生产者在出厂时标注的生产日期一致。

6.9　在经营过程中包装或分装的食品，不得更改原有的生产日期和延长保质期。包装或分装食品的包装材料和容器应无毒、无害、无异味，应符合国家相关法律法规及标准的要求。

6.10　从事食品批发业务的经营企业销售食品，应如实记录批发食品的名称、规格、数量、生产日期或者生产批号、保质期、销售日期以及购货者名称、地址、联系方式等内容，并保存相关票据。记录和凭证保存期限不得少于食品保质期满后 6 个月；没有明确保质期的，保存期限不得少于两年。

7　产品追溯和召回

7.1　当发现经营的食品不符合食品安全标准时，应立即停止经营，并有效、准确地通知相关生产经营者和消费者，并记录停止经营和通知情况。

7.2　应配合相关食品生产经营者和食品安全主管部门进行相关追溯和召回工作，避免或减轻危害。

7.3　针对所发现的问题，食品经营者应查找各环节记录、分析问题原因并及时改进。

8　卫生管理

8.1　食品经营企业应根据食品的特点以及经营过程的卫生要求，建立对保证食品安全具有显著意义的关键控制环节的监控制度，确保有效实施并定期检查，发现问题及时纠正。

8.2　食品经营企业应制定针对经营环境、食品经营人员、设备及设施等的卫生监控制度，确立内部监控的范围、对象和频率。记录并存档监控结果，定期对执行情况和效果进行检查，发现问题及时纠正。

8.3　食品经营人员应符合国家相关规定对人员健康的要求，进入经营场所应保持个人卫生和衣帽整洁，防止污染食品。

8.4　使用卫生间、接触可能污染食品的物品后，再次从事接触食品、食品工具、容器、食品设备、包装材料等与食品经营相关的活动前，应洗手消毒。

8.5　在食品经营过程中，不应饮食、吸烟、随地吐痰、乱扔废弃物等。

8.6　接触直接入口或不需清洗即可加工的散装食品时应戴口罩、手套和帽子，头发不应外露。

9　培训

9.1　食品经营企业应建立相关岗位的培训制度，对从业人员进行相应的食品安全知识培训。

9.2　食品经营企业应通过培训促进各岗位从业人员遵守国家相关法律法规及标准，增强执行各项食品安全管理制度的意识和责任，提高相应的知识水平。

9.3　食品经营企业应根据不同岗位的实际需求，制定和实施食品安全年度培训计划并进行考核，做好培训记录。当食品安全相关的法规及标准更新时，应及时开展培训。

9.4　应定期审核和修订培训计划，评估培训效果，并进行常规检查，以确保培训计划的有效实施。

10　管理制度和人员

10.1　食品经营企业应配备食品安全专业技术人员、管理人员，并建立保障食品安全的管理制度。

10.2　食品安全管理制度应与经营规模、设备设施水平和食品的种类特性相适应，应根据经营实际和实施经验不断完善食品安全管理制度。

10.3　各岗位人员应熟悉食品安全的基本原则和操作规范，并有明确职责和权限报告经营过程中出现的食品安全问题。

10.4　管理人员应具有必备的知识、技能和经验，能够判断潜在的危险，采取适当的预防和纠正措施，确保有效管理。

11　记录和文件管理

11.1　应对食品经营过程中采购、验收、贮存、销售等环节详细记录。记录内容应完整、真实、清晰、易于识别和检索，确保所有环节都可进行有效追溯。

11.2　应如实记录发生召回的食品名称、批次、规格、数量、发生召回的原因及后续整改方案等内容。

11.3　应对文件进行有效管理，确保各相关场所使用的文件均为有效版本。

11.4　鼓励采用先进技术手段（如电子计算机信息系统），进行记录和文件管理。

食品安全国家标准
食品生产通用卫生规范
（GB14881—2013）

1 范围

本标准规定了食品生产过程中原料采购、加工、包装、贮存和运输等环节的场所、设施、人员的基本要求和管理准则。

本标准适用于各类食品的生产，如确有必要制定某类食品生产的专项卫生规范，应当以本标准作为基础。

2 术语和定义

2.1 污染

在食品生产过程中发生的生物、化学、物理污染因素传入的过程。

2.2 虫害

由昆虫、鸟类、啮齿类动物等生物（包括苍蝇、蟑螂、麻雀、老鼠等）造成的不良影响。

2.3 食品加工人员

直接接触包装或未包装的食品、食品设备和器具、食品接触面的操作人员。

2.4 接触表面

设备、工器具、人体等可被接触到的表面。

2.5 分离

通过在物品、设施、区域之间留有一定空间，而非通过设置物理阻断的方式进行隔离。

2.6 分隔

通过设置物理阻断如墙壁、卫生屏障、遮罩或独立房间等进行隔离。

2.7 食品加工场所

用于食品加工处理的建筑物和场地，以及按照相同方式管理的其他建筑物、场地和周围环境等。

2.8　监控

按照预设的方式和参数进行观察或测定，以评估控制环节是否处于受控状态。

2.9　工作服

根据不同生产区域的要求，为降低食品加工人员对食品的污染风险而配备的专用服装。

3　选址及厂区环境

3.1　选址

3.1.1 厂区不应选择对食品有显著污染的区域。如某地对食品安全和食品宜食用性存在明显的不利影响，且无法通过采取措施加以改善，应避免在该地址建厂。

3.1.2 厂区不应选择有害废弃物以及粉尘、有害气体、放射性物质和其他扩散性污染源不能有效清除的地址。

3.1.3 厂区不宜择易发生洪涝灾害的地区，难以避开时应设计必要的防范措施。

3.1.4 厂区周围不宜有虫害大量孳生的潜在场所，难以避开时应设计必要的防范措施。

3.2　厂区环境

3.2.1 应考虑环境给食品生产带来的潜在污染风险，并采取适当的措施将其降至最低水平。

3.2.2 厂区应合理布局，各功能区域划分明显，并有适当的分离或分隔措施，防止交叉污染。

3.2.3 厂区内的道路应铺设混凝土、沥青、或者其他硬质材料；空地应采取必要措施，如铺设水泥、地砖或铺设草坪等方式，保持环境清洁，防止正常天气下扬尘和积水等现象的发生。

3.2.4 厂区绿化应与生产车间保持适当距离，植被应定期维护，以防止虫害的孳生。

3.2.5 厂区应有适当的排水系统。

3.2.6 宿舍、食堂、职工娱乐设施等生活区应与生产区保持适当距离或分隔。

4　厂房和车间

4.1　设计和布局

4.1.1 厂房和车间的内部设计和布局应满足食品卫生操作要求，避免食品生产中发生交叉污染。

4.1.2 厂房和车间的设计应根据生产工艺合理布局，预防和降低产品受污染的风险。

4.1.3 厂房和车间应根据产品特点、生产工艺、生产特性以及生产过程对清洁程度的要求合理划分作业区，并采取有效分离或分隔。如：通常可划分为清洁作业区、准清洁作业区和一般作业区；或清洁作业区和一般作业区等。一般作业区应与其他作业区域分隔。

4.1.4 厂房内设置的检验室应与生产区域分隔。

4.1.5 厂房的面积和空间应与生产能力相适应，便于设备安置、清洁消毒、物料存储及人员操作。

4.2　建筑内部结构与材料

4.2.1 内部结构

建筑内部结构应易于维护、清洁或消毒。应采用适当的耐用材料建造。

4.2.2 顶棚

4.2.2.1 顶棚应使用无毒、无味、与生产需求相适应、易于观察清洁状况的材料建造；若直接在屋顶内层喷涂涂料作为顶棚，应使用无毒、无味、防霉、不易脱落、易于清洁的涂料。

4.2.2.2 顶棚应易于清洁、消毒，在结构上不利于冷凝水垂直滴下，防止虫害和霉菌孳生。

4.2.2.3 蒸汽、水、电等配件管路应避免设置于暴露食品的上方；如确需设置，应有能防止灰尘散落及水滴掉落的装置或措施。

4.2.3 墙壁

4.2.3.1 墙面、隔断应使用无毒、无味的防渗透材料建造,在操作高度范围内的墙面应光滑、不易积累污垢且易于清洁;若使用涂料,应无毒、无味、防霉、不易脱落、易于清洁。

4.2.3.2 墙壁、隔断和地面交界处应结构合理、易于清洁,能有效避免污垢积存。例如设置漫弯形交界面等。

4.2.4 门窗

4.2.4.1 门窗应闭合严密。门的表面应平滑、防吸附、不渗透,并易于清洁、消毒。应使用不透水、坚固、不变形的材料制成。

4.2.4.2 清洁作业区和准清洁作业区与其他区域之间的门应能及时关闭。

4.2.4.3 窗户玻璃应使用不易碎材料。若使用普通玻璃,应采取必要的措施防止玻璃破碎后对原料、包装材料及食品造成污染。

4.2.4.4 窗户如设置窗台,其结构应能避免灰尘积存且易于清洁。可开启的窗户应装有易于清洁的防虫害窗纱。

4.2.5 地面

4.2.5.1 地面应使用无毒、无味、不渗透、耐腐蚀的材料建造。地面的结构应有利于排污和清洗的需要。

4.2.5.2 地面应平坦防滑、无裂缝、并易于清洁、消毒,并有适当的措施防止积水。

5 设施与设备

5.1 设施

5.1.1 供水设施

5.1.1.1 应能保证水质、水压、水量及其他要求符合生产需要。

5.1.1.2 食品加工用水的水质应符合 GB 5749 的规定,对加工用水水质有特殊要求的食品应符合相应规定。间接冷却水、锅炉用水等食品生产用水的水质应符合生产需要。

5.1.1.3 食品加工用水与其他不与食品接触的用水 (如间接冷却水、污水或废水等)应以完全分离的管路输送,避免交叉污染。各管路系统应明确标识以便区分。

5.1.1.4 自备水源及供水设施应符合有关规定。供水设施中使用的涉及饮用水卫生安全产品还应符合国家相关规定。

5.1.2 排水设施

5.1.2.1 排水系统的设计和建造应保证排水畅通、便于清洁维护;应适应食品生产的需要,保证食品及生产、清洁用水不受污染。

5.1.2.2 排水系统入口应安装带水封的地漏等装置,以防止固体废弃物进入及浊气逸出。

5.1.2.3 排水系统出口应有适当措施以降低虫害风险。

5.1.2.4 室内排水的流向应由清洁程度要求高的区域流向清洁程度要求低的区域,且应有防止逆流的设计。

5.1.2.5 污水在排放前应经适当方式处理,以符合国家污水排放的相关规定。

5.1.3 清洁消毒设施

应配备足够的食品、工器具和设备的专用清洁设施,必要时应配备适宜的消毒设施。应采取措施避免清洁、消毒工器具带来的交叉污染。

5.1.4 废弃物存放设施

应配备设计合理、防止渗漏、易于清洁的存放废弃物的专用设施;车间内存放废弃物的设施和容器应标识清晰。必要时应在适当地点设置废弃物临时存放设施,并依废弃物特性分类存放。

5.1.5 个人卫生设施

5.1.5.1 生产场所或生产车间入口处应设置更衣室;必要时特定的作业区入口处可按需要设置更衣室。更衣室应保证工作服与个人服装及其他物品分开放置。

5.1.5.2 生产车间入口及车间内必要处,应按需设置换鞋(穿戴鞋套)设施或工作鞋靴消毒设施。如设置工作鞋靴消毒设施,其规格尺寸应能满足消毒需要。

5.1.5.3 应根据需要设置卫生间,卫生间的结构、设施与内部材质应易于保持清洁；卫生间内的适当位置应设置洗手设施。卫生间不得与食品生产、包装或贮存等区域直接连通。

5.1.5.4 应在清洁作业区入口设置洗手、干手和消毒设施；如有需要，应在作业区内适当位置加设洗手和 (或) 消毒设施；与消毒设施配套的水龙头其开关应为非手动式。

5.1.5.5 洗手设施的水龙头数量应与同班次食品加工人员数量相匹配，必要时应设置冷热水混合器。洗手池应采用光滑、不透水、易清洁的材质制成，其设计及构造应易于清洁消毒。应在临近洗手设施的显著位置标示简明易懂的洗手方法。

5.1.5.6 根据对食品加工人员清洁程度的要求，必要时应可设置风淋室、淋浴室等设施。

5.1.6 通风设施

5.1.6.1 应具有适宜的自然通风或人工通风措施；必要时应通过自然通风或机械设施有效控制生产环境的温度和湿度。通风设施应避免空气从清洁度要求低的作业区域流向清洁度要求高的作业区域。

5.1.6.2 应合理设置进气口位置，进气口与排气口和户外垃圾存放装置等污染源保持适宜的距离和角度。进、排气口应装有防止虫害侵入的网罩等设施。通风排气设施应易于清洁、维修或更换。

5.1.6.3 若生产过程需要对空气进行过滤净化处理，应加装空气过滤装置并定期清洁。

5.1.6.4 根据生产需要，必要时应安装除尘设施。

5.1.7 照明设施

5.1.7.1 厂房内应有充足的自然采光或人工照明，光泽和亮度应能满足生产和操作需要；光源应使食品呈现真实的颜色。

5.1.7.2 如需在暴露食品和原料的正上方安装照明设施，应使用安全型照明设施或采取防护措施。

5.1.8 仓储设施

5.1.8.1 应具有与所生产产品的数量、贮存要求相适应的仓储设施。

5.1.8.2 仓库应以无毒、坚固的材料建成；仓库地面应平整，便于通风换气。仓库的设计应能易于维护和清洁，防止虫害藏匿，并应有防止虫害侵入的装置。

5.1.8.3 原料、半成品、成品、包装材料等应依据性质的不同分设贮存场所、或分区域码放，并有明确标识，防止交叉污染。必要时仓库应设有温、湿度控制设施。

5.1.8.4 贮存物品应与墙壁、地面保持适当距离，以利于空气流通及物品搬运。

5.1.8.5 清洁剂、消毒剂、杀虫剂、润滑剂、燃料等物质应分别安全包装，明确标识，并应与原料、半成品、成品、包装材料等分隔放置。

5.1.9 温控设施

5.1.9.1 应根据食品生产的特点，配备适宜的加热、冷却、冷冻等设施，以及用于监测温度的设施。

5.1.9.2 根据生产需要，可设置控制室温的设施。

5.2 设备

5.2.1 生产设备

5.2.1.1 一般要求

应配备与生产能力相适应的生产设备，并按工艺流程有序排列，避免引起交叉污染。

5.2.1.2 材质

5.2.1.2.1 与原料、半成品、成品接触的设备与用具，应使用无毒、无味、抗腐蚀、不易脱落的材料制作，并应易于清洁和保养。

5.2.1.2.2 设备、工器具等与食品接触的表面应使用光滑、无吸收性、易于清洁保养和消毒的材料制成，在正常生产条件下不会与食品、清洁剂和消毒剂发生反应，并应保持完好无损。

5.2.1.3 设计

5.2.1.3.1 所有生产设备应从设计和结构上避免零件、金属碎屑、润滑油、或其他污染因素混入食品，并应易于清洁消毒、易于检查和维护。

5.2.1.3.2 设备应不留空隙地固定在墙壁或地板上，或在安装时与地面和墙壁间保留足够空间，以便清洁和维护。

5.2.2 监控设备

用于监测、控制、记录的设备，如压力表、温度计、记录仪等，应定期校准、维护。

5.2.3 设备的保养和维修

应建立设备保养和维修制度，加强设备的日常维护和保养，定期检修，及时记录。

6　卫生管理

6.1　卫生管理制度

6.1.1 应制定食品加工人员和食品生产卫生管理制度以及相应的考核标准，明确岗位职责，实行岗位责任制。

6.1.2 应根据食品的特点以及生产、贮存过程的卫生要求，建立对保证食品安全具有显著意义的关键控制环节的监控制度，良好实施并定期检查，发现问题及时纠正。

6.1.3 应制定针对生产环境、食品加工人员、设备及设施等的卫生监控制度，确立内部监控的范围、对象和频率。记录并存档监控结果，定期对执行情况和效果进行检查，发现问题及时整改。

6.1.4 应建立清洁消毒制度和清洁消毒用具管理制度。清洁消毒前后的设备和工器具应分开放置妥善保管，避免交叉污染。

6.2 厂房及设施卫生管理

6.2.1 厂房内各项设施应保持清洁，出现问题及时维修或更新；厂房地面、屋顶、天花板及墙壁有破损时，应及时修补。

6.2.2 生产、包装、贮存等设备及工器具、生产用管道、裸露食品接触表面等应定期清洁消毒。

6.3　食品加工人员健康管理与卫生要求

6.3.1 食品加工人员健康管理

6.3.1.1 应建立并执行食品加工人员健康管理制度。

6.3.1.2 食品加工人员每年应进行健康检查，取得健康证明；上岗前应接受卫生培训。

6.3.1.3 食品加工人员如患有痢疾、伤寒、甲型病毒性肝炎、戊型病毒性肝炎等消化道传染病，以及患有活动性肺结核、化脓性或者渗出性皮肤病等有碍食品安全的疾病，或有明显皮肤损伤未愈合的，应当调整到其他不影响食品安全的工作岗位。

6.3.2 食品加工人员卫生要求

6.3.2.1 进入食品生产场所前应整理个人卫生，防止污染食品。

6.3.2.2 进入作业区域应规范穿着洁净的工作服，并按要求洗手、消毒；头发应藏于工作帽内或使用发网约束。

6.3.2.3 进入作业区域不应配戴饰物、手表，不应化妆、染指甲、喷洒香水；不得携带或存放与食品生产无关的个人用品。

6.3.2.4 使用卫生间、接触可能污染食品的物品、或从事与食品生产无关的其他活动后，再次从事接触食品、食品工器具、食品设备等与食品生产相关的活动前应洗手消毒。

6.3.3 来访者

非食品加工人员不得进入食品生产场所，特殊情况下进入时应遵守和食品加工人员同样的卫生要求。

6.4 虫害控制

6.4.1 应保持建筑物完好、环境整洁，防止虫害侵入及孳生。

6.4.2 应制定和执行虫害控制措施，并定期检查。生产车间及仓库应采取有效措施（如纱帘、纱网、防鼠板、防蝇灯、风幕等），防止鼠类昆虫等侵入。若发现有虫鼠害痕迹时，应追查来源，消除隐患。

6.4.3 应准确绘制虫害控制平面图，标明捕鼠器、粘鼠板、灭蝇灯、室外诱饵投放点、生化信息素捕杀装置等放置的位置。

6.4.4 厂区应定期进行除虫灭害工作。

6.4.5 采用物理、化学或生物制剂进行处理时，不应影响食品安全和食品应有的品质、不应污染食品接触表面、设备、工器具及包装材料。除虫灭害工作应有相应的记录。

6.4.6 使用各类杀虫剂或其他药剂前，应做好预防措施避免对人身、食品、设备工具造成污染；不慎污染时，应及时将被污染的设备、工具彻底清洁，消除污染。

6.5 废弃物处理

6.5.1 应制定废弃物存放和清除制度，有特殊要求的废弃物其处理方式应符合有关规定。废弃物应定期清除；易腐败的废弃物应尽快清除；必要时应及时清除废弃物。

6.5.2 车间外废弃物放置场所应与食品加工场所隔离防止污染；应防止不良气味或有害有毒气体溢出；应防止虫害孳生。

6.6 工作服管理

6.6.1 进入作业区域应穿着工作服。

6.6.2 应根据食品的特点及生产工艺的要求配备专用工作服，如衣、裤、鞋靴、帽和发网等，必要时还可配备口罩、围裙、套袖、手套等。

6.6.3 应制定工作服的清洗保洁制度，必要时应及时更换；生产中应注意保持工作服干净完好。

6.6.4 工作服的设计、选材和制作应适应不同作业区的要求，降低交叉污染食品的风险；应合理选择工作服口袋的位置、使用的连接扣件等，降低内容物或扣件掉落污染食品的风险。

7 食品原料、食品添加剂和食品相关产品

7.1 一般要求

应建立食品原料、食品添加剂和食品相关产品的采购、验收、运输和贮存管理制度，确保所使用的食品原料、食品添加剂和食品相关产品符合国家有关要求。不得将任何危害人体健康和生命安全的物质添加到食品中。

7.2 食品原料

7.2.1 采购的食品原料应当查验供货者的许可证和产品合格证明文件；对无法提供合格证明文件的食品原料，应当依照食品安全标准进行检验。

7.2.2 食品原料必须经过验收合格后方可使用。经验收不合格的食品原料应在指定区域与合格品分开放置并明显标记，并应及时进行退、换货等处理。

7.2.3 加工前宜进行感官检验，必要时应进行实验室检验；检验发现涉及食品安全项目指标异常的，不得使用；只应使用确定适用的食品原料。

7.2.4 食品原料运输及贮存中应避免日光直射、备有防雨防尘设施；根据食品原料的特点和卫生需要，必要时还应具备保温、冷藏、保鲜等设施。

7.2.5 食品原料运输工具和容器应保持清洁、维护良好，必要时应进行消毒。食品原料不得与有毒、有害物品同时装运，避免污染食品原料。

7.2.6 食品原料仓库应设专人管理，建立管理制度，定期检查质量和卫生情况，及时清理变质或超过保质期的食品原料。仓库出货顺序应遵循先进先出的原则，必要时应根据不同食品原料的特性确定出货顺序。

7.3 食品添加剂

7.3.1 采购食品添加剂应当查验供货者的许可证和产品合格证明文件。食品添加剂必须经过验收合格后方可使用。

7.3.2 运输食品添加剂的工具和容器应保持清洁、维护良好，并能提供必要的保护，避免污染食品添加剂。

7.3.3 食品添加剂的贮藏应有专人管理，定期检查质量和卫生情况，及时清理变质或超过保质期的食品添加剂。仓库出货顺序应遵循先进先出的原则，必要时应根据食品添加剂的特性确定出货顺序。

7.4 食品相关产品

7.4.1 采购食品包装材料、容器、洗涤剂、消毒剂等食品相关产品应当查验产品的合格证明文件，实行许可管理的食品相关产品还应查验供货者的许可证。食品包装材料等食品相关产品必须经过验收合格后方可使用。

7.4.2 运输食品相关产品的工具和容器应保持清洁、维护良好，并能提供必要的保护，避免污染食品原料和交叉污染。

7.4.3 食品相关产品的贮藏应有专人管理，定期检查质量和卫生情况，及时清理变质或超过保质期的食品相关产品。仓库出货顺序应遵循先进先出的原则。

7.5 其他

盛装食品原料、食品添加剂、直接接触食品的包装材料的包装或容器，其材质应稳定、无毒无害，不易受污染，符合卫生要求。

食品原料、食品添加剂和食品包装材料等进入生产区域时应有一定的缓冲区域或外包装清洁措施，以降低污染风险。

8 生产过程的食品安全控制

8.1 产品污染风险控制

8.1.1 应通过危害分析方法明确生产过程中的食品安全关键环节，并设立食品安全关键环节的控制措施。在关键环节所在区域，应配备相关的文件以落实控制措施，如配料(投料)表、岗位操作规程等。

8.1.2 鼓励采用危害分析与关键控制点体系(HACCP)对生产过程进行食品安全控制。

8.2 生物污染的控制

8.2.1 清洁和消毒

8.2.1.1 应根据原料、产品和工艺的特点，针对生产设备和环境制定有效的清洁消毒制度，降低微生物污染的风险。

8.2.1.2 清洁消毒制度应包括以下内容：清洁消毒的区域、设备或器具名称；清洁消毒工作的职责；使用的洗涤、消毒剂；清洁消毒方法和频率；清洁消毒效果的验证及不符合的处理；清洁消毒工作及监控记录。

8.2.1.3 应确保实施清洁消毒制度，如实记录；及时验证消毒效果，发现问题及时纠正。

8.2.2 食品加工过程的微生物监控

8.2.2.1 根据产品特点确定关键控制环节进行微生物监控；必要时应建立食品加工过程的微生物监控程序，包括生产环境的微生物监控和过程产品的微生物监控。

8.2.2.2 食品加工过程的微生物监控程序应包括：微生物监控指标、取样点、监控频率、取样和检测方法、评判原则和整改措施等，具体可参照附录

A 的要求，结合生产工艺及产品特点制定。

8.2.2.3 微生物监控应包括致病菌监控和指示菌监控，食品加工过程的微生物监控结果应能反映食品加工过程中对微生物污染的控制水平。

8.3 化学污染的控制

8.3.1 应建立防止化学污染的管理制度，分析可能的污染源和污染途径，制定适当的控制计划和控制程序。

8.3.2 应当建立食品添加剂和食品工业用加工助剂的使用制度，按照 GB 2760 的要求使用食品添加剂。

8.3.3 不得在食品加工中添加食品添加剂以外的非食用化学物质和其他可能危害人体健康的物质。

8.3.4 生产设备上可能直接或间接接触食品的活动部件若需润滑，应当使用食用油脂或能保证食品安全要求的其他油脂。

8.3.5 建立清洁剂、消毒剂等化学品的使用制度。除清洁消毒必需和工艺需要，不应在生产场所使用和存放可能污染食品的化学制剂。

8.3.6 食品添加剂、清洁剂、消毒剂等均应采用适宜的容器妥善保存，且应明显标示、分类贮存；领用时应准确计量、作好使用记录。

8.3.7 应当关注食品在加工过程中可能产生有害物质的情况，鼓励采取有效措施减低其风险。

8.4 物理污染的控制

8.4.1 应建立防止异物污染的管理制度，分析可能的污染源和污染途径，并制定相应的控制计划和控制程序。

8.4.2 应通过采取设备维护、卫生管理、现场管理、外来人员管理及加工过程监督等措施，最大程度地降低食品受到玻璃、金属、塑胶等异物污染的风险。

8.4.3 应采取设置筛网、捕集器、磁铁、金属检查器等有效措施降低金属或其他异物污染食品的风险。

8.4.4 当进行现场维修、维护及施工等工作时，应采取适当措施避免异物、异味、碎屑等污染食品。

8.5 包装

8.5.1 食品包装应能在正常的贮存、运输、销售条件下最大限度地保护食品的安全性和食品品质。

8.5.2 使用包装材料时应核对标识，避免误用；应如实记录包装材料的使用情况。

9 检验

9.1 应通过自行检验或委托具备相应资质的食品检验机构对原料和产品进行检验，建立食品出厂检验记录制度。

9.2 自行检验应具备与所检项目适应的检验室和检验能力；由具有相应资质的检验人员按规定的检验方法检验；检验仪器设备应按期检定。

9.3 检验室应有完善的管理制度，妥善保存各项检验的原始记录和检验报告。应建立产品留样制度，及时保留样品。

9.4 应综合考虑产品特性、工艺特点、原料控制情况等因素合理确定检验项目和检验频次以有效验证生产过程中的控制措施。净含量、感官要求以及其他容易受生产过程影响而变化的检验项目的检验频次应大于其他检验项目。

9.5 同一品种不同包装的产品，不受包装规格和包装形式影响的检验项目可以一并检验。

10 食品的贮存和运输

10.1 根据食品的特点和卫生需要选择适宜的贮存和运输条件，必要时应配备保温、冷藏、保鲜等设施。不得将食品与有毒、有害、或有异味的物品一同贮存运输。

10.2 应建立和执行适当的仓储制度，发现异常应及时处理。

10.3 贮存、运输和装卸食品的容器、工器具和设备应当安全、无害，保持清洁，降低食品污染的风险。

10.4 贮存和运输过程中应避免日光直射、雨淋、显著的温湿度变化和剧烈撞击等，防止食品受到不良影响。

11 产品召回管理

11.1 应根据国家有关规定建立产品召回制度。

11.2 当发现生产的食品不符合食品安全标准或存在其他不适于食用的情况时，应当立即停止生产，召回已经上市销售的食品，通知相关生产经营者和消费者，并记录召回和通知情况。

11.3 对被召回的食品，应当进行无害化处理或者予以销毁，防止其再次流入市场。对因标签、标识或者说明书不符合食品安全标准而被召回的食品，应采取能保证食品安全、且便于重新销售时向消费者明示的补救措施。

11.4 应合理划分记录生产批次，采用产品批号等方式进行标识，便于产品追溯。

12 培训

12.1 应建立食品生产相关岗位的培训制度，对食品加工人员以及相关岗位的从业人员进行相应的食品安全知识培训。

12.2 应通过培训促进各岗位从业人员遵守食品安全相关法律法规标准和执行各项食品安全管理制度的意识和责任，提高相应的知识水平。

12.3 应根据食品生产不同岗位的实际需求，制定和实施食品安全年度培训计划并进行考核，做好培训记录。

12.4 当食品安全相关的法律法规标准更新时，应及时开展培训。

12.5 应定期审核和修订培训计划，评估培训效果，并进行常规检查，以确保培训计划的有效实施。

13 管理制度和人员

13.1 应配备食品安全专业技术人员、管理人员，并建立保障食品安全的管理制度。

13.2 食品安全管理制度应与生产规模、工艺技术水平和食品的种类特性相适应，应根据生产实际和实施经验不断完善食品安全管理制度。

13.3 管理人员应了解食品安全的基本原则和操作规范，能够判断潜在的危险，采取适当的预防和纠正措施，确保有效管理。

14 记录和文件管理

14.1 记录管理

14.1.1 应建立记录制度,对食品生产中采购、加工、贮存、检验、销售等环节详细记录。记录内容应完整、真实,确保对产品从原料采购到产品销售的所有环节都可进行有效追溯。

14.1.1.1 应如实记录食品原料、食品添加剂和食品包装材料等食品相关产品的名称、规格、数量、供货者名称及联系方式、进货日期等内容。

14.1.1.2 应如实记录食品的加工过程(包括工艺参数、环境监测等)、产品贮存情况及产品的检验批号、检验日期、检验人员、检验方法、检验结果等内容。

14.1.1.3 应如实记录出厂产品的名称、规格、数量、生产日期、生产批号、购货者名称及联系方式、检验合格单、销售日期等内容。

14.1.1.4 应如实记录发生召回的食品名称、批次、规格、数量、发生召回的原因及后续整改方案等内容。

14.1.2 食品原料、食品添加剂和食品包装材料等食品相关产品进货查验记录、食品出厂检验记录应由记录和审核人员复核签名,记录内容应完整。保存期限不得少于2年。

14.1.3 应建立客户投诉处理机制。对客户提出的书面或口头意见、投诉,企业相关管理部门应作记录并查找原因,妥善处理。

14.2 应建立文件的管理制度,对文件进行有效管理,确保各相关场所使用的文件均为有效版本。

14.3 鼓励采用先进技术手段(如电子计算机信息系统),进行记录和文件管理。

附录 A
食品加工过程的微生物监控程序指南

注:本附录给出了制定食品加工过程环境微生物监控程序时应当考虑的要点,实际生产中可根据产品特性和生产工艺技术水平等因素参照执行。

A.1 食品加工过程中的微生物监控是确保食品安全的重要手段，是验证或评估目标微生物控制程序的有效性、确保整个食品质量和安全体系持续改进的工具。

A.2 本附录提出了制定食品加工过程微生物监控程序时应考虑的要点。

A.3 食品加工过程的微生物监控，主要包括环境微生物监控和过程产品的微生物监控。环境微生物监控主要用于评判加工过程的卫生控制状况，以及找出可能存在的污染源。通常环境监控对象包括食品接触表面、与食品或食品接触表面邻近的接触表面、以及环境空气。过程产品的微生物监控主要用于评估加工过程卫生控制能力和产品卫生状况。

A.4 食品加工过程的微生物监控涵盖了加工过程各个环节的微生物学评估、清洁消毒效果以及微生物控制效果的评价。在制定时应考虑以下内容：

a) 加工过程的微生物监控应包括微生物监控指标、取样点、监控频率、取样和检测方法、评判原则以及不符合情况的处理等；

b) 加工过程的微生物监控指标：应以能够评估加工环境卫生状况和过程控制能力的指示微生物 (如菌落总数、大肠菌群、酵母霉菌或其他指示菌) 为主。必要时也可采用致病菌作为监控指标；

c) 加工过程微生物监控的取样点：环境监控的取样点应为微生物可能存在或进入而导致污染的地方。可根据相关文献资料确定取样点，也可以根据经验或者积累的历史数据确定取样点。过程产品监控计划的取样点应覆盖整个加工环节中微生物水平可能发生变化且会影响产品安全性和 / 或食品品质的过程产品，例如微生物控制的关键控制点之后的过程产品。具体可参考表 A.1 中示例；

d) 加工过程微生物监控的监控频率：应基于污染可能发生的风险来制定监控频率。可根据相关文献资料，相关经验和专业知识或者积累的历史数据，确定合理的监控频率。具体可参考表 A.1 中示例。加工过程的微生物监控应是动态的，应根据数据变化和加工过程污染风险的高低而有所调整和定期评估。例如：当指示微生物监控结果偏高或者终产品检测出致病菌、或者重大维护施工活动后、或者卫生状况出现下降趋势时等，需要增加取样点和监控频率；当监控结果一直满足要求，可适当减少取样点或者放宽监控频率；

e) 取样和检测方法：环境监控通常以涂抹取样为主，过程产品监控通常直接取样。检测方法的选择应基于监控指标进行选择；

f) 评判原则：应依据一定的监控指标限值进行评判，监控指标限值可基于微生物控制的效果以及对产品质量和食品安全性的影响来确定；

g) 微生物监控的不符合情况处理要求：各监控点的监控结果应当符合监控指标的限值并保持稳定，当出现轻微不符合时，可通过增加取样频次等措施加强监控；当出现严重不符合时，应当立即纠正，同时查找问题原因，以确定是否需要对微生物控制程序采取相应的纠正措施。

表 A.1 食品加工过程微生物监控示例

监控项目		建议取样点 [a]	建议监控微生物 [b]	建议监控频率 [c]	建议监控指标限值
环境的微生物监控	食品接触表面	食品加工人员的手部、工作服、手套传送皮带、工器具及其他直接接触食品的设备表面	菌落总数大肠菌群等	验证清洁效果应在清洁消毒之后，其他可每周、每两周或每月	结合生产实际情况确定监控指标限值
	与食品或食品接触表面邻近的接触表面	设备外表面、支架表面、控制面板、零件车等接触表面	菌落总数、大肠菌群等卫生状况指示微生物，必要时监控致病菌	每两周或每月	结合生产实际情况确定监控指标限值
	加工区域内的环境空气	靠近裸露产品的位置	菌落总数酵母霉菌等	每周、每两周或每月	结合生产实际情况确定监控指标限值
过程产品的微生物监控		加工环节中微生物水平可能发生变化且会影响食品安全性和(或)食品品质的过程产品	卫生状况指示微生物(如菌落总数、大肠菌群、酵母霉菌或其他指示菌)	开班第一时间生产的产品及之后连续生产过程中每周(或每两周或每月)	结合生产实际情况确定监控指标限值
[a] 可根据食品特性以及加工过程实际情况选择取样点。					
[b] 可根据需要选择一个或多个卫生指示微生物实施监控。					
[c] 可根据具体取样点的风险确定监控频率。					

食品安全国家标准
肉和肉制品经营卫生规范
（GB20799—2016）

1 范围

本标准规定了肉和肉制品采购、运输、验收、贮存、销售等经营过程中的食品安全要求。

本标准适用于肉和肉制品经营活动。本标准的肉包括鲜肉、冷却肉、冻肉和食用副产品等。

本标准不适用于网络食品交易、餐饮服务、现制现售的肉和肉制品经营活动。

2 术语和定义

2.1 鲜肉

畜禽屠宰后，经过自然冷却，但不经过人工制冷冷却的肉。

2.2 冷却肉（冷鲜肉）

畜禽屠宰后经过冷却工艺处理，并在经营过程中环境温度始终保持0℃～4℃的肉。

2.3 冻肉

经过冻结工艺过程的肉，其中心温度不高于 –15℃。

2.4 食用副产品

畜禽屠宰、加工后，所得内脏、脂、血液、骨、皮、头、蹄（或爪）、尾等可食用的产品。

2.5 肉制品

以畜禽肉或其食用副产品等为主要原料，添加或者不添加辅料，经腌、卤、酱、蒸、煮、熏、烤、烘焙、干燥、油炸、成型、发酵、调制等有关生产工艺加工而成的生或熟的肉类制品。

3 采购

3.1 应符合 GB 31621—2014 中第 2 章的相关规定。

3.2 采购鲜肉、冷却肉、冻肉、食用副产品时应查验供货者的《动物防疫条件合格证》等资质证件。

3.3 鲜肉、冷却肉、冻肉、食用副产品应有动物检疫合格证明和动物检疫标志。

3.4 不得采购病死、毒死或者死因不明的畜禽肉及其制品，不得采购未按规定进行检疫检验或者检疫检验不合格的肉、或者未经检验或者检验不合格的肉制品。

4 运输

4.1 应符合 GB 31621—2014 中第 3 章的相关规定。

4.2 鲜肉及新鲜食用副产品装运前应冷却到室温。在常温条件下运输时间不应超过 2 h。

4.3 冷却肉及冷藏食用副产品装运前应将产品中心温度降低至 0℃ ~ 4℃，运输过程中箱体内温度应保持在 0℃ ~ 4℃，并做好温度记录。

4.4 冻肉及冷冻食用副产品装运前应将产品中心温度降低至 –15℃ 及其以下的温度，运输过程中箱体内温度应保持在 –15℃ 及其以下的温度，并做好温度记录。

4.5 需冷藏运输的肉制品应符合 4.3 的相关规定。需冷冻运输的肉制品应符合 4.4 的相关规定。

4.6 冷藏或冷冻运输条件下，运输工具应具有温度监控装置，并做好温度记录。

4.7 运输工具内壁应完整、光滑、安全、无毒、防吸收、耐腐蚀、易于清洁。

4.8 运输工具应配备必要的放置和防尘设施。运输鲜片肉时应有吊挂设施。采用吊挂方式运输的，产品间应保持适当距离，产品不能接触运输工具的底部。

4.9　鲜肉、冷却肉、冻肉、食用副产品不得与活体畜禽同车运输。

4.10　头、蹄（爪）、内脏等应使用不渗水的容器装运。未经密封包装的胃、肠与心、肝、肺、肾不应盛装在同一容器内。

4.11　鲜肉、冷却肉、冻肉、食用副产品应采取适当的分隔措施。

4.12　不能使用运送活体畜禽的运输工具运输肉和肉制品。

4.13　装卸肉应严禁脚踏和产品落地。

5　验收

5.1　应符合 GB 31621—2014 中第 4 章的相关规定。

5.2　验收鲜肉、冷却肉、冻肉、食用副产品时，应检查动物检疫合格证明、动物检疫标志等，应开展冷却肉、冻肉的中心温度检查。

5.3　验收肉和肉制品时，应检查肉和肉制品运输工具的卫生条件和维护情况，有温度要求的肉和肉制品应检查运输工具的温度记录。

6　贮存

6.1　应符合 GB 31621—2014 中第 5 章的相关规定。

6.2　贮存冷却肉、冷藏食用副产品以及需冷藏贮存的肉制品的设施和设备应能保持 0℃ ~ 4℃的温度，并做好温度记录。

6.3　贮存冻肉、冷冻食用副产品以及需冷冻贮存的肉制品的设施和设备应能保持 –18℃及其以下的温度，并做好温度记录。

6.4　不得同库存放可能造成串味的产品。

6.5　肉和肉制品的贮存时间应按照相关规定执行。

7　销售

7.1　应符合 GB 31621—2014 中第 6 章的相关规定。

7.2　鲜肉、冷却肉、冻肉、食用副产品与肉制品应分区或分柜销售。

7.3　冷却肉、冷藏食用副产品以及需冷藏销售的肉制品应在 0℃ ~ 4℃的冷藏柜内销售，冻肉、冷冻食用副产品以及需冷冻销售的肉制品应在 –15℃及其以下的温度的冷冻柜销售，并做好温度记录。

7.4 对所销售的产品应检查并核对其保质期和卫生情况，及时发现问题。发现有异味、有酸败味、色泽不正常、有黏液、有霉点和其他异常的，应停止销售。

7.5 销售未经密封包装的直接入口产品时，应佩戴符合相关标准的口罩和一次性手套。

7.6 销售未经密封包装的肉和肉制品时，为避免产品在选购过程中受到污染，应配备必要的卫生防护措施，如一次性手套等。

8 产品追溯和召回

应符合 GB 31621—2014 中第 7 章的相关规定。

9 卫生管理

9.1 应符合 GB 31621—2014 中第 8 章的相关规定。

9.2 运输、贮存、销售人员在工作期间应遵循生熟分开的原则。

9.3 对贮存、销售过程中所使用的刀具、容器、操作台、案板等，应使用 82℃以上的热水或符合相关标准的洗涤剂、消毒剂进行清洗消毒。

9.4 运输工具应保持清洁卫生，使用前后应进行彻底清洗消毒。

10 培训

应符合 GB 31621—2014 中第 9 章的相关规定。

11 管理制度和人员

应符合 GB 31621—2014 中第 10 章的相关规定。

12 记录和文件管理

应符合 GB 31621—2014 中第 11 章的相关规定。

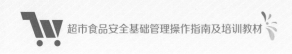

食品安全国家标准
餐饮服务通用卫生规范
（GB31654—2021）

1 范围

本标准规定了餐饮服务活动中食品采购、贮存、加工、供应、配送和餐（饮）具、食品容器及工具清洗、消毒等环节场所、设施、设备、人员的食品安全基本要求和管理准则。

本标准适用于餐饮服务经营者和集中用餐单位的食堂从事的各类餐饮服务活动，如有必要制定某类餐饮服务活动的专项卫生规范，应当以本标准作为基础。

省、自治区、直辖市规定按小餐饮管理的餐饮服务活动可参照本标准执行。

2 术语和定义

2.1 餐饮服务

通过即时加工制作、商业销售和服务性劳动等，向消费者提供食品或食品和消费设施的服务活动。

2.2 半成品

经初步或者部分加工，尚需进一步加工的非直接入口食品。

2.3 分离

通过在物品、设施、区域之间留有一定空间，而非通过设置物理阻断的方式进行隔离。

2.4 分隔

通过设置物理阻断如墙壁、卫生屏障、遮罩或者独立隔间等进行隔离。

2.5 食品处理区

食品贮存、整理、加工（包括烹饪）、分装以及餐用具的清洗、消毒、保洁等场所。

2.6 餐饮服务场所

与食品加工、供应相关的区域，包括食品处理区、就餐区等。

2.7 专间

为防止食品受到污染，以分隔方式设置的清洁程度要求较高的加工直接入口食品的专用操作间。

2.8 专用操作区

为防止食品受到污染，以分离方式设置的清洁程度要求较高的加工直接入口食品的专用操作区域。

2.9 易腐食品

在常温下容易腐败变质，微生物易于繁殖或者形成有毒有害物质的食品。此类食品在贮存中需要控制温度时间方可保证安全。

2.10 餐用具

餐（饮）具和接触直接入口食品的容器、工具、设备。

3 场所与布局

3.1 选址

3.1.1 餐饮服务场所应选择与经营的食品相适应的地点，保持该场所环境清洁。

3.1.2 餐饮服务场所不应选择对食品有污染风险，以及有害废弃物、粉尘、有害气体、放射性物质和其他扩散性污染源不能有效清除的地点。

3.1.3 餐饮服务场所周围不应有可导致虫害大量孳生的场所，难以避开时应采取必要的防范措施。

3.2 设计和布局

3.2.1 应具有与经营的食品品种、数量相适应的场所。食品处理区的设计应根据食品加工、供应流程合理布局，满足食品卫生操作要求，避免食品在存放、加工和传递中发生交叉污染。

3.2.2 应设置独立隔间、区域或者设施用于存放清洁工具（包括扫帚、拖把、抹布、刷子等，下同)。专用于清洗清洁工具的区域或者设施，其位置应不会污染食品，并与其他区域或设施能够明显区分。

3.2.3 食品处理区使用燃煤或者木炭等易产灰固体燃料的，炉灶应为隔墙烧火的外扒灰式。

3.3 建筑内部结构与材料

3.3.1 基本要求

3.3.1.1 建筑内部结构应易于维护、清洁、消毒，应采用适当的耐用材料建造。

3.3.1.2 地面、墙壁、门窗、天花板的结构应能避免有害生物侵入和栖息。

3.3.2 天花板

3.3.2.1 餐饮服务场所天花板涂覆或装修的材料应无毒、无异味、防霉、不易脱落、易于清洁。

3.3.2.2 食品烹饪、食品冷却、餐用具清洗消毒等区域天花板涂覆或装修的材料应不吸水、耐高温、耐腐蚀。

3.3.2.3 食品半成品、成品和清洁的餐用具暴露区域上方的天花板应能避免灰尘散落，在结构上不利于冷凝水垂直下落，防止有害生物孳生和霉菌繁殖。

3.3.3 墙壁

3.3.3.1 食品处理区墙壁的涂覆或铺设材料应无毒、无异味、不透水、防霉、不易脱落、易于清洁。

3.3.3.2 食品处理区内需经常冲洗的场所，在操作高度范围内的墙面还应光滑、防水、不易积聚污垢且易于清洗。

3.3.4 门窗

3.3.4.1 食品处理区的门、窗应闭合严密，采用不透水、坚固、不变形的材料制成，结构上应易于维护、清洁。应采取必要的措施，防止门窗玻璃破碎后对食品和餐用具造成污染。需经常冲洗场所的门，表面还应光滑、不易积垢。

3.3.4.2 餐饮服务场所与外界直接相通的门、窗应采取有效措施(如安装空气幕、防蝇帘、防虫纱窗、防鼠板等），防止有害生物侵入。

3.3.4.3 专间与其他场所之间的门应能及时关闭。专间设置的食品传递窗应专用，可开闭。

3.3.5 地面

3.3.5.1 食品处理区地面的铺设材料应无毒、无异味、不透水、耐腐蚀，结构应有利于排污和清洗的需要。

3.3.5.2 食品处理区地面应平坦防滑，易于清洁、消毒，有利于防止积水。

4 设施与设备

4.1 供水设施

4.1.1 应能保证水质、水压、水量及其他要求符合食品加工需要。

4.1.2 食品加工用水的水质应符合 GB 5749 的规定。对加工用水水质有特殊需要的，应符合相应规定。

4.1.3 食品加工用水与其他不与食品接触的用水（如间接冷却水、污水、废水、消防用水等）的管道系统应完全分离，防止非食品加工用水逆流至食品加工用水管道。

4.1.4 自备水源及其供水设施应符合有关规定。供水设施中使用的涉及饮用水卫生安全产品应符合相关规定。

4.2 排水设施

4.2.1 排水设施的设计和建造应保证排水畅通，便于清洁、维护；应能保证食品加工用水不受污染。

4.2.2 需经常冲洗的场所地面和排水沟应有一定的排水坡度。

4.2.3 排水沟应设有可拆卸的盖板，排水沟内不应设置其他管路。

4.2.4 专间、专用操作区不应设置明沟；如设置地漏，应带有水封等装置，防止废弃物进入及浊气逸出。

4.2.5 排水管道与外界相通的出口应有适当措施，以防止有害生物侵入。

4.3 餐用具清洗、消毒和存放设施设备

4.3.1 餐用具清洗、消毒、保洁设施与设备的容量和数量应能满足需要。

4.3.2 餐用具清洗设施、设备应与食品原料、清洁工具的清洗设施、设备分开并能够明显区分。采用化学消毒方法的，应设置餐用具专用消毒设施、设备。

4.3.3 餐用具清洗、消毒设施、设备应采用不透水、不易积垢、易于清洁的材料制成。

4.3.4 应设置专用保洁设施或者场所存放消毒后的餐用具。保洁设施应采用不易积垢、易于清洁的材料制成，与食品、清洁工具等存放设施能够明显区分，防止餐用具受到污染。

4.4 洗手设施

4.4.1 食品处理区应设置洗手设施。

4.4.2 洗手设施应采用不透水、不易积垢、易于清洁的材料制成。

4.4.3 专间、专用操作区水龙头应采用非手动式，宜提供温水。

4.4.4 洗手设施附近应配备洗手用品和干手设施等。

4.4.5 从业人员专用洗手设施附近的显著位置还应标示简明易懂的洗手方法。

4.5 卫生间

4.5.1 卫生间不应设置在食品处理区内，出入口不应与食品处理区直接连通，不宜直对就餐区。

4.5.2 卫生间应设置独立的排风装置，排风口不应直对食品处理区或就餐区。卫生间的结构、设施与内部材质应易于清洁。卫生间与外界直接相通的门、窗应符合 3.3.4 的要求。

4.5.3 应在卫生间出口附近设置符合 4.4.2、4.4.4 要求的洗手设施。

4.5.4 排污管道应与食品处理区排水管道分开设置，并设有防臭气水封。排污口应位于餐饮服务场所外。

4.6 更衣区

4.6.1 应与食品处理区处于同一建筑物内，宜位于食品处理区入口处。鼓励有条件的餐饮服务提供者设立独立的更衣间。

4.6.2 更衣设施的数量应当满足需要。设置洗手设施的，应当符合 4.4 的要求。

4.7 照明设施

4.7.1 食品处理区应有充足的自然采光或者人工照明，光泽和亮度应能满足食品加工需要，不应改变食品的感官色泽。

4.7.2 食品处理区内在裸露食品正上方安装照明设施的，应使用安全型照明设施或者采取防护措施。

4.8 通风排烟设施

4.8.1 产生油烟的设备、工序上方应设置机械排风及油烟过滤装置，过滤器应便于清洁、更换。

4.8.2 产生大量蒸汽的设备、工序上方应设置机械排风排汽装置，并做好凝结水的引泄。

4.8.3 与外界直接相通的排气口外应加装易于清洁的防虫筛网。

4.9 贮存设施

4.9.1 根据食品原料、半成品、成品的贮存要求，设置相应的食品库房或者贮存场所以及贮存设施，必要时设置冷冻、冷藏设施。

4.9.2 同一库房内贮存原料、半成品、成品、包装材料的，应分设存放区域并显著标示，分离或分隔存放，防止交叉污染。

4.9.3 库房应设通风、防潮设施，保持干燥。

4.9.4 库房设计应使贮存物品与墙壁、地面保持适当距离，以利于空气流通，避免有害生物藏匿。

4.9.5 冷冻、冷藏柜(库)应设有可正确显示内部温度的测温装置。

4.9.6 清洁剂、消毒剂、杀虫剂、醇基燃料等物质的贮存设施应有醒目标识，并应与食品、食品添加剂、包装材料等分开存放或者分隔放置。

4.9.7 应设专柜(位)贮存食品添加剂，标注"食品添加剂"字样，并与食品、食品相关产品等分开存放。

4.10 废弃物存放设施

4.10.1 应设置专用废弃物存放设施。废弃物存放设施与食品容器应有明显的区分标识。

4.10.2 废弃物存放设施应有盖，能够防止污水渗漏、不良气味溢出和虫害孳生，并易于清洁。

4.11 食品容器、工具和设备

4.11.1 根据加工食品的需要，配备相应的容器、工具和设备等。不应将食品容器、工具和设备用于与食品盛放、加工等无关的用途。

4.11.2 设备的摆放位置应便于操作、清洁、维护和减少交叉污染。固定安装的设备应安装牢固，与地面、墙壁无缝隙，或者保留足够的清洁、维护空间。

4.11.3 与食品接触的容器、工具和设备部件，应使用无毒、无味、耐腐蚀、不易脱落的材料制成，并应易于清洁和保养。有相应食品安全国家标准的，应符合相关标准的要求。

4.11.4 与食品接触的容器、工具和设备与食品接触的表面应光滑，设计和结构上应避免零件、金属碎屑或者其他污染因素混入食品，并应易于检查和维护。

4.11.5 用于盛放和加工原料、半成品、成品的容器、工具和设备应能明显区分，分开放置和使用，避免交叉污染。

5 原料采购、运输、验收与贮存

5.1 采购

5.1.1 应制定并实施食品、食品添加剂及食品相关产品采购控制要求，采购依法取得许可资质的供货者生产经营的食品、食品添加剂及食品相关产品，不应采购法律、法规禁止生产经营的食品、食品添加剂及食品相关产品。

5.1.2 采购食品、食品添加剂及食品相关产品时，应按规定查验并留存供货者的许可资质证明复印件。

5.1.3 鼓励建立固定的供货渠道，确保所采购的食品、食品添加剂及食品相关产品的质量安全。

5.2 运输

5.2.1 根据食品特点选择适宜的运输工具，必要时应配备保温、冷藏、冷冻、保鲜、保湿等设施。

5.2.2 运输前，应对运输工具和盛装食品的容器进行清洁，必要时还应进行消毒，防止食品受到污染。

5.2.3 运输中，应防止食品包装破损，保持食品包装完整，避免食品受到日光直射、雨淋和剧烈撞击等。运输过程应符合保证食品安全所需的温度、湿度等特殊要求。

5.2.4 食品与食品用洗涤剂、消毒剂等非食品同车运输，或者食品原料、半成品、成品同车运输时，应进行分隔。

5.2.5 不应将食品与杀虫剂、杀鼠剂、醇基燃料等有毒、有害物品混装运输。运输食品和有毒、有害物品的车辆不应混用。

5.3　验收

5.3.1 应按规定查验并留存供货者的产品合格证明文件。

5.3.2 实行统一配送经营方式的餐饮服务企业，可由企业总部统一查验供货者的产品合格证明文件。企业总部统一查验的许可资质证明、产品合格证明文件等信息，门店应能及时查询。

5.3.3 食品原料必须经过以下验收后方可使用：

——具有正常的感官性状，无腐败、变质、污染等现象；

——预包装食品应包装完整、清洁、无破损，内容物与产品标识应一致；

——标签标识完整、清晰，载明的事项应符合食品安全标准和要求；

——食品在保质期内；

——食品温度符合食品安全要求。

5.3.4 应尽可能缩短冷冻 (藏) 食品的验收时间，减少其温度变化。

5.4　贮存

5.4.1 食品原料、半成品、成品应分隔或者分离贮存。贮存过程中，应与墙壁、地面保持适当距离。

5.4.2 散装食品 (食用农产品除外) 贮存位置应标明食品的名称、生产日期或者生产批号、使用期限等内容，宜使用密闭容器贮存。

5.4.3 贮存过程应符合保证食品安全所需的温度、湿度等特殊要求。

5.4.4 按照先进、先出、先用的原则，使用食品原料、食品添加剂和食品相关产品。存在感官性状异常、超过保质期等情形的，应及时清理。

5.4.5 变质、超过保质期或者回收的食品应显著标示或者单独存放在有明确标志的场所，及时采取无害化处理、销毁等措施，并按规定记录。

6 加工过程的食品安全控制

6.1 基本要求

6.1.1 不应加工法律、法规禁止生产经营的食品。

6.1.2 加工过程不应有法律、法规禁止的行为。

6.1.3 加工前应对待加工食品进行感官检查，发现有腐败变质、混有异物或者其他感官性状异常等情形的，不应使用。

6.1.4 应采取并不限于下列措施，避免食品在加工过程中受到污染：

——用于食品原料、半成品、成品的容器和工具分开放置和使用；

——不在食品处理区内从事可能污染食品的活动；

——不在食品处理区外从事食品加工、餐用具清洗消毒活动；

——接触食品的容器和工具不应直接放置在地面上或者接触不洁物。

6.1.5 不应在餐饮服务场所内饲养、暂养和宰杀畜禽。

6.2 初加工

6.2.1 冷冻(藏)易腐食品从冷柜(库)中取出或者解冻后，应及时加工使用。

6.2.2 食品原料加工前应洗净。未经事先清洁的禽蛋使用前应清洁外壳，必要时消毒。

6.2.3 经过初加工的食品应当做好防护，防止污染。经过初加工的易腐食品应及时使用或者冷藏、冷冻。

6.2.4 生食蔬菜、水果和生食水产品原料应在专用区域或设施内清洗处理，必要时消毒。

6.2.5 生食蔬菜、水果清洗消毒方法参见附录 A。

6.3 烹饪

6.3.1 食品烹饪的温度和时间应能保证食品安全。

6.3.2 需要烧熟煮透的食品，加工时食品的中心温度应达到 70℃以上；加工时食品的中心温度低于 70℃的，应严格控制原料质量安全或者采取其他措施 (如延长烹饪时间等)，确保食品安全。

6.3.3 应尽可能减少食品在烹饪过程中产生有害物质。

6.3.4 食品煎炸所使用的食用油和煎炸过程的油温，应当有利于减缓食用油在煎炸过程中发生劣变。煎炸用油不符合食品安全要求的，应及时更换。

6.4 专间和专用操作区操作

6.4.1 中央厨房和集体用餐配送单位直接入口易腐食品的冷却和分装、分切等操作应在专间内进行 (在封闭的自动设备中操作的除外)。

6.4.2 除中央厨房和集体用餐配送单位以外的餐饮服务提供者直接入口易腐食品的冷却和分装、分切等操作应按规定在专间或者专用操作区进行 (在封闭的自动设备中操作和饮品的现场调配、冲泡、分装除外)。

6.4.3 每餐或每班使用专间前，应对操作台面和专间空气进行消毒。

6.4.4 进入专间的从业人员和专用操作区内从业人员操作时，应按 11.2 和 11.4 的要求穿戴工作衣帽和口罩。

6.4.5 专间和专用操作区从业人员加工食品前，应按 11.3 的要求清洗消毒手部，加工过程中应适时清洗消毒手部。

6.4.6 专间和专用操作区使用的食品容器、工具、设备和清洁工具应专用。食品容器、工具使用前应清洗消毒并保持清洁。

6.4.7 进入专间和存放在专用操作区的食品应为直接入口食品，应避免受到存放在专间和专用操作区的非食品的污染。

6.4.8 不应在专间或者专用操作区内从事应在其他食品处理区进行或者可能污染食品的活动。

6.5 食品添加剂使用

6.5.1 使用食品添加剂的，应在技术上确有必要，并在达到预期效果的前提下尽可能降低使用量。如使用食品添加剂应符合 GB 2760 规定。

6.5.2 不应采购、贮存、使用亚硝酸盐等国家禁止在餐饮业使用的品种。

6.5.3 用容器盛放开封后的食品添加剂的，应在容器上标明食品添加剂名称、生产日期或批号、使用期限，并保留食品添加剂原包装。开封后的食品添加剂应避免受到污染。

6.5.4 使用 GB 2760 规定按生产需要适量使用品种以外的食品添加剂的，应记录食品名称、食品数量、加工时间以及使用的食品添加剂名称、生产日期或批号、使用量、使用人等信息。

6.5.5 使用 GB 2760 有最大使用量规定的食品添加剂，应采用称量等方式定量使用。

6.6　冷却

6.6.1 烹饪后需要冷冻（藏）的易腐食品应及时冷却。

6.6.2 可采取将食品切成小块、搅拌、冷水浴等措施，或者使用专用速冷设备，使食品尽快冷却。

6.7　再加热

6.7.1 烹饪后的易腐食品，在冷藏温度以上、60℃以下存放 2 h 以上，未发生感官性状变化的，食用前应进行再加热。

6.7.2 烹饪后的易腐食品再加热时，应当将食品的中心温度迅速加热至70℃以上。

6.7.3 食品感官性状发生变化的应当废弃，不应再加热后供食用。

7　供餐要求

7.1　分派菜肴、整理造型的工具使用前应清洗消毒。

7.2　加工围边、盘花等的材料应符合食品安全要求，使用前应清洗，必要时消毒。

7.3　烹饪后的易腐食品，在冷藏温度以上、60℃以下的存放时间不应超过 2 h；存放时间超过 2 h 的，应按 6.7 要求再加热或者废弃；烹饪完毕至食用时间需超过 2 h 的，应在 60℃以上保存，或按 6.6 的要求冷却后进行冷藏。

7.4　供餐过程中，应采取有效防护措施，避免食品受到污染。用餐时，就餐区应避免受到扬尘活动的影响（如施工、打扫等）。

7.5　与餐（饮）具的食品接触面或者食品接触的垫纸、垫布、餐具托、口布等物品应一客一换。撤换下的物品应清洗消毒，一次性用品应废弃。

7.6　事先摆放在就餐区的餐（饮）具应当避免污染。

8 配送要求

8.1 基本要求

8.1.1 根据食品特点选择适宜的配送工具，必要时应配备保温、冷藏等设施。配送工具应防雨、防尘。

8.1.2 配送的食品应有包装，或者盛装在密闭容器中。食品包装和容器应符合食品安全相关要求，食品容器的内部结构应便于清洁。

8.1.3 配送前应对配送工具和盛装食品的容器(一次性容器除外)进行清洁，接触直接入口食品的还应消毒，防止食品受到污染。

8.1.4 食品配送过程的温度等条件应当符合食品安全要求。

8.1.5 配送过程中，原料、半成品、成品、食品包装材料等应使用容器或者独立包装等进行分隔。包装应完整、清洁，防止交叉污染。

8.1.6 不应将食品与醇基燃料等有毒、有害物品混装配送。

8.2 外卖配送

8.2.1 送餐人员应当保持个人卫生。配送箱(包)应保持清洁，并定期消毒。

8.2.2 配送过程中，直接入口食品和非直接入口食品、需低温保存的食品和热食品应分隔，防止直接入口食品污染，并保证食品温度符合食品安全要求。

8.2.3 鼓励使用外卖包装封签，便于消费者识别配送过程外卖包装是否开启。

8.3 信息标注

8.3.1 中央厨房配送的食品，应在包装或者容器上标注中央厨房信息，以及食品名称、中央厨房加工时间、保存条件、保存期限等，必要时标注门店加工方法。

8.3.2 集体用餐配送单位配送的食品，应在包装、容器或者配送箱上标注集体用餐配送单位信息、加工时间和食用时限，冷藏保存的食品还应标注保存条件和食用方法。

8.3.3 鼓励外卖配送食品在容器或者包装上标注食用时限，并提醒消费者收到后尽快食用。

9 清洁维护与废弃物管理

9.1 餐用具卫生

9.1.1 餐用具使用后应及时清洗消毒 (方法参见附录 B)。鼓励采用热力等物理方法消毒餐用具。

9.1.2 餐用具消毒设备和设施应正常运转。

9.1.3 宜沥干、烘干清洗消毒后的餐用具。使用擦拭巾擦干的，擦拭巾应专用，并经清洗消毒后方可使用。

9.1.4 消毒后的餐用具应符合 GB 14934 规定。

9.1.5 消毒后的餐用具应存放在专用保洁设施或者场所内。保洁设施或者场所应保持清洁，防止清洗消毒后的餐用具受到污染。

9.1.6 不应重复使用一次性餐 (饮) 具。

9.1.7 委托餐 (饮) 具集中消毒服务单位提供清洗消毒服务的，应当查验、留存餐 (饮) 具集中消毒服务单位的营业执照复印件和消毒合格证明。保存期限不应少于消毒餐 (饮) 具使用期限到期后 6 个月。

9.2 场所、设施、设备卫生和维护

9.2.1 餐饮服务场所、设施、设备应定期维护，出现问题及时维修或者更换。

9.2.2 餐饮服务场所、设施、设备应定期清洁，必要时消毒。

9.3 废弃物管理

9.3.1 餐厨废弃物应及时清除，不应溢出废弃物存放设施。

9.3.2 废弃物存放设施应及时清洁，必要时消毒。

9.3.3 废弃物处置应当符合法律、法规、规章的要求。

9.4 清洁和消毒

9.4.1 使用的洗涤剂、消毒剂应分别符合 GB 14930.1 和 GB 14930.2 等食品安全国家标准和要求的有关规定。

9.4.2 应按照洗涤剂、消毒剂的使用说明进行操作。餐饮服务常用消毒剂及化学消毒注意事项参见附录 C。

10　有害生物防治

10.1 应保持餐饮服务场所建筑结构完好，环境整洁，防止虫害侵入及孳生。

10.2 有害生物防治应遵循优先使用物理方法，必要时使用化学方法的原则。化学药剂应存放在专门设施内，保障食品安全和人身安全。

10.3 应根据需要配备适宜的有害生物防治设施（如灭蝇灯、防蝇帘、风幕机、粘鼠板等），防止有害生物侵入。

10.4 如发现有害生物，应尽快将其杀灭。发现有害生物痕迹的，应追查来源，消除隐患。

10.5 有害生物防治中应采取有效措施，避免食品或者食品容器、工具、设备等受到污染。食品容器、工具、设备不慎污染时，应彻底清洁，消除污染。

11　人员健康与卫生

11.1　健康管理

11.1.1 应建立并执行食品从业人员健康管理制度。

11.1.2 从事切菜、配菜、烹饪、传菜、餐用具清洗消毒等接触直接入口食品工作的人员应每年进行健康检查，取得健康证明后方可上岗。

11.1.3 患有霍乱、细菌性和阿米巴性痢疾、伤寒和副伤寒、病毒性肝炎（甲型、戊型）、活动性肺结核、化脓性或者渗出性皮肤病等国务院卫生行政部门规定的有碍食品安全疾病的人员，不应从事接触直接入口食品的工作。

11.1.4 食品从业人员每天上岗前应进行健康状况检查，发现患有发热、呕吐、腹泻、咽部严重炎症等病症及皮肤有伤口或者感染的从业人员，应暂停从事接触直接入口食品的工作，待查明原因并排除有碍食品安全的疾病后方可重新上岗。

11.2　人员卫生

11.2.1 从业人员工作时，应保持良好的个人卫生。

11.2.2 从业人员工作时，应穿清洁的工作服。

11.2.3 食品处理区内从业人员不应留长指甲、涂指甲油，不应化妆。工作时，佩戴的饰物不应外露；应戴清洁的工作帽，避免头发掉落污染食品。

11.2.4 专间和专用操作区内的从业人员操作时，应佩戴清洁的口罩。口罩应遮住口鼻。

11.2.5 从业人员个人用品应集中存放，存放位置应不影响食品安全。

11.2.6 进入食品处理区的非从业人员，应符合从业人员卫生要求。

11.3 手部清洁卫生

11.3.1 从业人员加工食品前应洗净手部。从事接触直接入口食品工作的从业人员，加工食品前还应进行手部消毒。

11.3.2 使用卫生间、接触可能污染食品的物品或者从事与食品加工无关的其他活动后，再次从事接触食品、食品容器、工具、设备等与餐饮服务相关的活动前应重新洗手，从事接触直接入口食品工作的还应重新消毒手部。

11.3.3 如佩戴手套，应事先对手部进行清洗消毒。手套应清洁、无破损，符合食品安全要求。出现 11.3.2 要求重新洗手消毒的情形时，应重新洗手消毒后更换手套。

11.3.4 手部清洗、消毒参见附录 D。

11.4 工作服管理

11.4.1 应根据加工品种和岗位的要求配备专用工作服，如工作衣、帽、发网等，必要时配备口罩、围裙、套袖、手套等。

11.4.2 工作服应定期清洗更换，必要时及时更换；操作中应保持清洁。

11.4.3 专间、专用操作区专用工作服与其他区域工作服，外观应有明显区分。

12 培训

12.1 餐饮服务企业应建立食品安全培训制度，对各岗位从业人员进行相应的食品安全知识培训。

12.2 应根据不同岗位的实际需求，制定和实施食品安全年度培训计划，并做好培训记录。

12.3 当食品安全相关的法律法规标准更新时，应及时开展培训。

12.4 应定期审核和修订培训计划，评估培训效果，并进行检查，以确保培训计划的有效实施。

13 食品安全管理

13.1 管理制度和事故处置

13.1.1 餐饮服务企业、网络餐饮服务第三方平台提供者、学校(含托幼机构)食堂、养老机构食堂、医疗机构食堂应当按照法律、法规要求和本单位实际，建立并不断完善原料控制、餐用具清洗消毒、餐饮服务过程控制、从业人员健康管理、从业人员培训、食品安全自查、进货查验和记录、食品留样、场所及设施设备清洗消毒和维修保养、食品安全信息追溯、消费者投诉处理等保证食品安全的规章制度，并制定食品安全突发事件应急处置方案。

13.1.2 餐饮服务企业、网络餐饮服务第三方平台提供者、学校(含托幼机构)食堂、养老机构食堂、医疗机构食堂应配备经食品安全培训，具备食品安全管理能力的专职或者兼职食品安全管理人员。

13.1.3 发生食品安全事故的单位，应对导致或者可能导致食品安全事故的食品及原料、工具、设备、设施等，立即采取封存等控制措施，按规定报告事故发生地相关部门，配合做好调查处置工作，并采取防止事态扩大的相关措施。

13.2 食品安全自查

13.2.1 应自行或者委托第三方专业机构开展食品安全自查，及时发现并消除食品安全隐患，防止发生食品安全事故。

13.2.2 自查发现条件不再符合食品安全要求的，应当立即采取整改措施；有发生食品安全事故潜在风险的，应当立即停止食品经营活动，并向所在地食品安全监督管理部门报告。

13.3 食品留样

13.3.1 学校(含托幼机构)食堂、养老机构食堂、医疗机构食堂、建筑工地食堂等集中用餐单位的食堂以及中央厨房、集体用餐配送单位、一次性集体聚餐人数超过 100 人的餐饮服务提供者，应按规定对每餐次或批次的易腐食品成品进行留样。每个品种的留样量应不少于 125 g。

13.3.2 留样食品应使用清洁的专用容器和专用冷藏设施进行储存，留样时间应不少于 48 h。

13.4 检验

13.4.1 中央厨房和集体用餐配送单位应自行或者委托具有资质的第三方检验机构，对食品、加工环境等进行检验。

13.4.2 鼓励其他餐饮服务提供者自行或者委托具有资质的第三方检验机构，对食品、加工环境等进行检验。

13.4.3 自行检验的，应具备与所检项目相适应的检验室和检验能力。检验仪器设备应按期检定。

13.4.4 应综合考虑食品品种、工艺特点、原料控制情况等因素，合理确定检验项目、指标和频次，以有效验证加工过程中的控制措施。

13.5 记录和文件管理

13.5.1 餐饮服务企业、中央厨房、集体用餐配送单位、学校（含托幼机构）食堂、养老机构食堂、医疗机构食堂应建立记录制度，按照规定记录从业人员培训考核、进货查验、食品添加剂使用、食品安全自查、消费者投诉处置、变质或超过保质期或者回收食品处置、定期除虫灭害等情况。对食品、加工环境开展检验的，还应记录检验结果。记录内容应完整、真实。法律法规标准没有明确规定的，记录保存时间不少于 6 个月。

13.5.2 餐饮服务企业、中央厨房、集体用餐配送单位、学校（含托幼机构）食堂、养老机构食堂、医疗机构食堂应如实记录采购的食品、食品添加剂、食品相关产品的名称、规格、数量、生产日期或者生产批号、保质期、进货日期和供货者名称、地址、联系方式等内容，并保存相关凭证。

13.5.3 实行统一配送方式经营的餐饮服务企业，由企业总部统一进行食品进货查验记录的，各门店也应对收货情况进行记录。

13.5.4 进货查验记录、收货记录和相关凭证的保存期限不少于食品保质期满后 6 个月；没有明确保质期的，保存期限不应少于 2 年。

13.5.5 鼓励采用信息化等技术手段进行记录和文件管理。

附录 A
生食蔬菜、水果清洗消毒指南

需清洗消毒的生食蔬菜、水果，可按 A.1 ~ A.3 的步骤操作。

A.1　清洗

A.1.1　使用自来水洗去蔬菜、水果表面的污物和杂质。

A.1.2　叶菜应将叶子分开清洗，以便洗去较为隐蔽的污物或杂质。

A.1.3　将清洗后的蔬菜、水果沥干。

A.2　消毒

A.2.1　选择含氯消毒剂、二氧化氯消毒剂或其他允许用于蔬菜、水果消毒的消毒剂。

A.2.2　严格按照消毒剂产品说明书的要求配制消毒液。

A.2.3　将清洗、沥干后的蔬菜、水果完全浸没在配制好的消毒液中。浸泡时间严格按照产品说明书要求。

A.2.4　定时测量消毒液中有效成分浓度，浓度低于要求时应更换。

A.3　浸泡或冲淋

A.3.1　用洁净饮用水浸泡消毒后的蔬菜、水果。浸泡操作可能影响质量的，可用洁净饮用水冲淋。通过浸泡或冲淋，减少蔬菜、水果表面的消毒剂残留。

A.3.2　将浸泡或冲淋后的蔬菜、水果沥干。

A.3.3　尽快使用或放入冷藏库、冰箱中备用。存放时应避免清洗消毒后的蔬菜、水果受到污染。

A.4　注意事项

A.4.1　去皮后直接食用的水果可不进行清洗、消毒。

A.4.2　接触蔬菜、水果的双手和水池、食品容器、工具、设备应事先进行清洗和消毒。

A.4.3　采用蔬菜、水果清洗机或消毒机的，按设备使用说明操作。

附录 B
餐用具清洗消毒指南

B.1 清洗

B.1.1 采用手工方法清洗的，应按以下步骤进行：

a) 去除餐用具表面的食物残渣；

b) 用含洗涤剂的溶液洗净餐用具表面；

c) 用自来水冲去餐用具表面残留的洗涤剂。

B.1.2 采用洗碗机清洗的，按设备使用说明操作。

B.2 消毒

B.2.1 物理消毒

B.2.1.1 采用蒸汽、煮沸消毒的，应在蒸汽或沸水中保持 10 min 以上。

B.2.1.2 采用红外消毒柜的，应符合设备使用说明。一般应开启消毒柜 10 min 以上。

B.2.1.3 采用热力高温消毒洗碗机的，应符合设备使用说明。

B.2.1.4 必要时，使用温度标签验证餐用具消毒温度。

B.2.2 化学消毒

B.2.2.1 选择各种含氯消毒剂、二氧化氯消毒剂或其他允许用于餐（饮）具、食品容器、工具和设备的消毒剂。

B.2.2.2 采用化学消毒的，应按以下步骤进行：

a) 严格按照消毒剂产品说明书的要求配制消毒液；

b) 将餐用具完全浸没在配制好的消毒液中。浸泡时间应符合产品说明书要求；

c) 采用洁净的饮用水冲淋或沥干、烘干等有效方法，降低餐用具表面的消毒剂残留。

B.2.2.3 定时测量消毒液中有效成分浓度，浓度低于要求时应更换。

B.2.2.4 采用热力与化学结合消毒洗碗机的，应符合设备使用说明。

B.3 保洁

B.3.1 使用擦拭巾擦干的，擦拭巾应专用，并经清洗消毒方可使用，防止餐用具受到污染。

B.3.2 及时将消毒后的餐用具放入专用保洁设施或场所内。

附录 C
餐饮服务常用消毒剂及化学消毒注意事项

C.1 常用消毒剂的适用范围

C.1.1 含氯消毒剂

包括漂白粉、次氯酸钙 (漂粉精)、次氯酸钠、二氯异氰尿酸钠 (优氯净)、三氯异氰尿酸 (强氯精) 等，可用于一般物体表面，餐 (饮) 具，食品容器、工具和设备，蔬菜、水果，织物等的消毒。次氯酸钠消毒剂除上述用途外，还可用于室内空气、手、皮肤的消毒。含氯消毒剂使用时应现用现配。

C.1.2 二氧化氯消毒剂

可用于一般物体表面，餐 (饮) 具，食品容器、工具和设备，蔬菜、水果等的消毒以及生活饮用水的消毒处理。因氧化作用极强，使用时应避免接触油脂，防止加速油脂氧化。二氧化氯消毒剂使用时应现用现配。

C.1.3 过氧化物类消毒剂

主要为过氧化氢、过氧乙酸，适用于一般物体表面，食品容器、工具和设备 [不包括餐 (饮) 具]，空气等的消毒。

C.1.4 季铵盐类消毒剂

适用于环境与物体表面 (包括纤维与织物)，食品容器、工具和设备 [不包括餐 (饮) 具]，手、皮肤等的消毒，不适用于蔬菜、水果的消毒。

C.1.5 乙醇消毒剂

浓度为 70% ~ 80% 的乙醇可用于手和皮肤的涂抹消毒，也可用于物体表面消毒。

C.2 消毒液配制举例

以每片含有效氯 0.25 g 的漂粉精片，配制 1 L 的有效氯浓度为 250 mg ／ L 的消毒液为例：

a) 在专用容器中事先标好 1 L 的刻度线；

b) 在专用容器中加自来水至刻度线；

c) 将 1 片漂粉精片碾碎后加入水中；

d) 搅拌至漂粉精片充分溶解。

C.3 化学消毒注意事项

C.3.1 使用的消毒剂应符合食品安全标准和要求，按照规定的温度等条件贮存，处于保质期内。

C.3.2 按照消毒剂产品说明书配制消毒液。

C.3.3 固体消毒剂应充分溶解使用。

C.3.4 餐用具消毒前应先清洗干净，避免污垢影响消毒效果。

C.3.5 物体应完全浸没于消毒液中。浸泡时间应按消毒剂产品说明书。

C.3.6 使用时，定时测量消毒液中有效成分的浓度。有效成分浓度低于要求时，应立即更换消毒液。

附录 D
餐饮服务从业人员洗手消毒指南

D.1 手部清洗方法

D.1.1 在流动水下淋湿双手。

D.1.2 取适量洗手液（或肥皂），均匀涂抹至整个手掌、手背、手指和指缝。

D.1.3 认真揉搓双手至少 20 s，注意清洗双手所有皮肤，包括指背、指尖和指缝。工作衣为长袖的应洗到腕部，工作衣为短袖的应洗到肘部。具体揉搓步骤为（步骤不分先后）：

a) 掌心相对，手指并拢相互揉搓（见图 D.1）。

b) 手心对手背沿指缝相互揉搓，交换进行（见图 D.2）。

c) 掌心相对，双手交叉沿指缝相互揉搓（见图 D.3）。

d) 弯曲手指，使指关节在另一手掌心旋转揉搓，交换进行（见图 D.4）。

e) 一手握住另一手大拇指旋转揉搓，交换进行（见图 D.5）。

f) 将五个手指尖并拢放在另一手掌心旋转揉搓，交换进行（见图 D.6）。

图 D.1　掌心相对，手指并拢相互揉搓

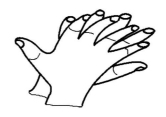

图 D.2　手心对手背沿指缝相互揉搓

图 D.3　掌心相对，双手交叉沿指缝相互揉搓

图 D.4　弯曲手指，指关节在掌心旋转揉搓

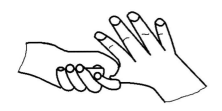

图 D.5　大拇指在掌心旋转揉搓

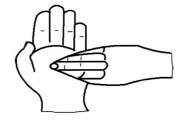

图 D.6　五指并拢，指尖在掌心旋转揉搓

D.1.4　在流动水下彻底冲净双手。

D.1.5　关闭水龙头 (手动式水龙头应用肘部或以清洁纸巾包裹水龙头将其关闭)。

D.1.6　用一次性清洁纸巾擦干或干手机吹干双手。

D.2　手部消毒方法

洗净手部后，采用以下方法之一消毒手部：

D.2.1　取适量的免洗手消毒剂于掌心，按照本附录 D.1.3 的方法充分揉搓双手 20 s ～ 30 s，保证手消毒剂完全覆盖双手皮肤，直至干燥。

D.2.2　将洗净后的双手在消毒液中浸泡 20 s ～ 30 s。

食品安全国家标准
速冻食品生产和经营卫生规范
（GB31646—2018）

1　范围

本标准规定了速冻食品原料采购、加工、包装、贮存、运输和销售等环节的场所、设施与设备、人员的基本要求和管理准则。

本标准适用于速冻食品，不适用于冷冻饮品。

2　术语和定义

GB 14881—2013 界定的术语和定义以及下列术语和定义适用于本文件。

2.1　速冻

使产品迅速通过其最大冰晶区域，当中心温度达到 –18℃时，完成冻结加工工艺的冻结方法。

2.2　速冻食品

采用速冻的工艺生产，在冷链条件下进入销售市场的食品。

3　选址及厂区环境

应符合 GB 14881—2013 中第 3 章的相关规定。

4　厂房和车间

4.1　设计和布局

4.1.1 应符合 GB 14881—2013 中 4.1 的规定。

4.1.2 应根据生产工艺需要，设立必要的解冻、加热、冷却区域，并采取有效的分离或分隔，配备必要的加热设施或冷却设施，确保通风、排气良好。

4.1.3 车间应保持适宜的温度。应控制速冻后区域和内包装区域的环境温度，控制产品在该区域的停留时间，以保证产品在包装过程中不因环境温度或湿度影响而降低品质。

4.1.4 熟制加工区域应与其他加工区域进行有效分隔，防止交叉污染。

4.1.5 生产可直接食用的速冻食品，熟制后应具有独立的冷却、内包装专区。

4.2　建筑内部结构与材料

应符合 GB 14881—2013 中 4.2 的规定。

5　设施与设备

5.1　设施

应符合 GB 14881—2013 中 5.1 的规定。

5.2　设备

5.2.1 生产设备

5.2.1.1 应符合 GB 14881—2013 中 5.2.1 的规定。

5.2.1.2 应具有能够达到速冻工艺要求的设备，确保温度均衡。

5.2.2 监控设备

应符合 GB 14881—2013 中 5.2.2 的相关规定。应对温度有控制要求的生产过程和生产环境，严格进行温度控制和记录。

5.2.3 设备的保养和维修

应符合 GB 14881—2013 中 5.2.3 的相关规定。

6　卫生管理

6.1　卫生管理制度

应符合 GB 14881—2013 中 6.1 的规定。

6.2　厂房及设施卫生管理

应符合 GB 14881—2013 中 6.2 的规定。

6.3　食品加工人员健康管理与卫生要求

应符合 GB 14881—2013 中 6.3 的规定。

6.4　虫害控制

应符合 GB 14881—2013 中 6.4 的规定。

6.5 废弃物处理

应符合 GB 14881—2013 中 6.5 的规定。

6.6 工作服管理

6.6.1 应符合 GB 14881—2013 中 6.6 的相关规定。

6.6.2 应定期对各区域的工作服进行清洗消毒，以符合各区域的卫生要求。

7 食品原料、食品添加剂和食品相关产品

7.1 一般要求

应符合 GB 14881—2013 中 7.1 的相关规定。

7.2 食品原料

7.2.1 食品原料应符合 GB 14881—2013 中 7.2 的相关规定。

7.2.2 对贮存环境有特殊要求的原料，应采取有效措施监控贮存环境的温度、湿度。

7.2.3 冷冻原料解冻应具备与生产能力相适应的专用解冻区域，根据每日或每批投料量确定原料解冻量，并根据原料 (如，肉、水产品、蔬菜等) 的不同特性、形态确定适宜的解冻方法，同时对温度和时间进行控制。

7.3 食品添加剂

应符合 GB 14881—2013 中 7.3 的相关规定。

7.4 食品相关产品

7.4.1 应符合 GB 14881—2013 中 7.4 的相关规定。

7.4.2 内包装材料应采用耐低温的材料。

7.5 其他

应符合 GB 14881—2013 中 7.5 的相关规定。

8 生产过程的食品安全控制

8.1 产品污染风险控制

8.1.1 应符合 GB 14881—2013 中 8.1 的相关规定。

8.1.2 对时间和温度有控制要求的工序，如漂烫、蒸煮、冷却、贮存等，应严格按照产品工艺要求进行操作。

8.1.3 应控制调制好的馅料等半成品用于产品加工前的贮存时间和温度。

8.1.4 需要加热成熟的产品，应对其加热工艺规程进行验证，当控制因素发生变化时，进行再次验证。

8.1.5 加热后的产品，如需进行预冷处理，应在符合食品安全要求的环境下进行。预冷过程应防止污染，同时应采取有效措施避免冷凝水接触食品，预冷后的产品应及时速冻。

8.1.6 应建立速冻后产品进入冷库前周转停留时间的管控制度。

8.2 微生物污染的控制

8.2.1 应符合 GB 14881—2013 中 8.2 的相关规定。

8.2.2 根据所生产的速冻食品特点，确定环境、生产过程进行微生物监控的关键环节，特别是对速冻熟制食品的加工，应按附录 A 的要求进行监控；必要时应建立食品加工过程的致病菌监控程序，包括生产环境的致病菌监控和过程产品的致病菌监控。

8.2.3 当生产线末端的速冻熟制食品的监控指标出现异常时，应及时查找原因，如加大对环境微生物监控的采样频率或增加取样点等，并采取适当的纠偏措施。

8.3 化学污染的控制

应符合 GB 14881—2013 中 8.3 的相关规定。

8.4 物理污染的控制

应符合 GB 14881—2013 中 8.4 的相关规定。

8.5 包装

8.5.1 应符合 GB 14881—2013 中 8.5 的相关规定。

8.5.2 速冻后产品的包装操作应在温度可控的环境中进行。

8.5.3 包装段应设置金属检测装置，并保持有效。

9 检验

应符合 GB 14881—2013 中第 9 章的相关规定。

10 食品的贮存和运输

10.1 一般要求

应符合 GB 14881—2013 中第 10 章及 GB 31621—2014 中第 3 章和第 5 章的相关规定。

10.2 贮存

10.2.1 产品应在冷冻仓库贮存。冷库温度不高于 −18℃，波动应控制在 ±2℃以内。具有特殊温度和湿度要求的产品应在贮存、运输及销售过程中满足相应的温度、湿度要求。

10.2.2 冷库应合理配置温度监控装置和报警装置，监控装置应定期校准，应定期记录库温，发现库温异常时，应及时调整并记录，库温记录应至少保存 2 年。

10.2.3 冷库应定期除霜、清洁和维护保养，冷库内应干净、整洁、无异味，并做好相应区域的标识。

10.2.4 贮存产品应以不影响冷气循环的方式放置，产品与墙壁、顶棚或地面之间的距离不小于 10 cm。

10.3 运输

10.3.1 产品的运输设备应具备制冷能力，确保运输期间厢体内温度不高于 −12℃。

10.3.2 运输过程中应对温度进行监控，可使用温度自动记录仪或者配置外部可直接观察的温度检测装置，该装置应定期校准以确保其准确性。

10.3.3 运输车辆需专用，产品不得与有毒有害的物品同时运输；设备厢体内壁应清洁、卫生、无毒、无害、无污染、无异味；应在装车前对车辆的密封性进行检查。

10.3.4 制冷剂应选择环保、低污染物质。

10.3.5 运输设备厢体应在装载前进行预冷，温度应预冷到 10℃或以下，或达到双方约定的预冷温度时方可开始装载，确保产品在装载过程中不因环境温度影响而降低品质。

10.3.6 产品装卸应严格控制作业环境温度和作业时间，确保产品温度不高于 –12℃，作业环境应保证卫生条件。如果没有密闭装卸口，应保持运输车门随开随关。

10.3.7 产品装载时，货物堆积要紧密，与厢壁周围应留有空隙，保持冷气循环。

10.3.8 产品运输过程中最高温度不得高于 –12℃，但装卸后应尽快降至 –18℃或以下。有特殊温度要求的产品按双方约定要求执行。

11 产品召回管理

应符合 GB 14881—2013 中第 11 章的相关规定。

12 培训

应符合 GB 14881—2013 中第 12 章的相关规定。

13 管理制度和人员

应符合 GB 14881—2013 中第 13 章的相关规定。

14 记录和文件管理

14.1 应符合 GB 14881—2013 中第 14 章的相关规定。

14.2 对温度有明确要求的关键工序和环节，应确定适宜的监控频率并进行记录。

14.3 应建立文件的管理制度，对文件进行有效管理，确保各相关场所使用的文件有效。

14.4 应明确规定企业需制定的卫生规范管理制度或措施，并形成有效的文件执行：原料采购与验收管理、生产过程安全管理、贮存管理、设备设施管理、不合格品管理、检验管理、产品追溯与召回制度、卫生管理（虫害控制、人员卫生、设备卫生）、清洗消毒制度。

15 产品的终端销售

15.1 应符合 GB 31621—2014 中第 6 章的相关规定。

15.2 产品销售温度应符合 GB 19295 要求。

15.3　冷冻陈列柜应专用，保持密闭，防止温度异常波动。

15.4　冷冻陈列柜应保持清洁卫生，管理人员应定期监测温度并做好相关记录。

15.5　冷冻陈列柜应定期进行化霜处理、保养，产品堆放不应超出冷冻陈列柜的堆高要求，确保制冷效果。如果发现温度异常，应立即停用冷冻陈列柜。

附录 A
速冻熟制食品加工过程的微生物监控程序

速冻熟制食品工过程的微生物监控应按照表 A.1 执行。

表 A.1　速冻熟制食品加工过程微生物监控要求

监控项目		取样点	监控微生物	监控频率	监控指标限值
环境的微生物监控	食品接触表面	食品加工人员的手部、传送带	菌落总数	每月	结合生产实际情况确定监控指标限值
	与食品或食品接触表面邻近的接触表面	设备外表面、控制面板	菌落总数	每月	结合生产实际情况确定监控指标限值
	加工区域内的环境空气	靠近裸露预冷产品的位置 a	菌落总数	每月	结合生产实际情况确定监控指标限值
生产过程的微生物监控		加热后、预冷处理后的中间产品	菌落总数，大肠菌群	每批次	结合生产线末端产品的监控情况确定监控指标限值
a 仅限于需要预冷的食品。					

超市购物环境

（GB/T 23650—2009）

1 范围

本标准规定了对超市购物的硬件环境、软件环境的基本要求。

本标准适用于超市及相关业态。

2 规范性引用文件

下列文件中的条款通过本标准的引用而成为本标准的条款。凡是注日期的引用文件，其随后所有的修改单（不包括勘误的内容）或修订版均不适用于本标准，然而，鼓励根据本标准达成协议的各方研究是否可使用这些文件的最新版本。凡是不注日期的引用文件，其最新版本适用于本标准。

GB 3096 声环境质量标准

GB 7718 预包装食品标签通则

GB 15630 消防安全标志设置要求

GB／T 18883 室内空气质量标准

GB 50034 建筑照明设计标准

JGJ 48 商店建筑设计规范

JGJ 50 城市道路和建筑物无障碍设计规范

3 术语和定义

下列术语和定义适用于本标准。

3.1

超市 supermarket

开架售货，集中收款，满足社区消费者日常生活需要的零售业态。根据商品结构的不同，可以分为食品超市和综合超市。

[GB／T 18106—2004，定义4.1.4]

3.2

超市购物环境　supermarket shop condition

由硬件环境和软件环境构成，硬件环境如经营空间、经营设施设备、附属场所等，软件环境如空气质量、员工等。

3.3

超市经营设施设备　shop facilities & equipment

与超市经营直接相关的机器、设备、工具，如货架、冷柜、手推车、收银机、照明系统、电梯等。

3.4

超市附属设施设备　affiliated facilities

对超市经营管理起到支持和辅助作用的场所、机器、设备、工具，如停车场、库房、收货区、消防系统、防盗设备、更衣柜、卫生间等。

4　总体要求

4.1　超市应诚信经营，所售商品应符合国家质量和卫生安全的相关规定。

4.2　超市店铺的设计应符合国家消防安全的相关规定。

4.3　超市应有完善的服务制度。

4.4　超市应通风良好，保持适宜的温度和湿度条件。

4.5　超市应保证空调、电梯、冷冻(藏)柜等设备的正常运转，使顾客购物安全、便利。

5　店铺出入口的基本要求

5.1　企业标志应明显、清晰、整洁。

5.2　营业时间应指示清楚。

5.3　设有台阶的入口，坡度应缓和，并设有适用于残疾人的坡道。雨雪天气，出入口应有防滑提示标志。

5.4　顾客入口应与商品进口区分(营业面积小于 200 ㎡ 的折扣店和便利店除外)。

5.5　出口处应有明显的指示标志。

5.6 应区分出口与入口，便于人员疏散。

5.7 出入口、通道、电梯、卫生间、停车场等处应设无障碍通道，保持畅通。

5.8 应有符合 GB 15630 要求的、明显的应急通道。

6 收银区的基本要求

6.1 收银区应配有电子收款机。

6.2 应根据卖场面积和客流量设置收银台数量，收银台的布局设计应便于顾客结算及疏导。

6.3 收银区宜提供刷卡通道。

7 销售区的基本要求

7.1 地面

7.1.1 地面应平整。必须分出高低层次的，高低部分应平缓过渡。台阶式过渡的，应有醒目提示。

7.1.2 应选择防滑、防压、承重、耐磨、易清洗的地面铺设物。

7.1.3 地面应考虑承重要求，保证货架在陈列商品后的稳定性。

7.1.4 采用固定式货架的，应区分通道、称重台、其他区域使用标志等。

7.2 墙壁

7.2.1 墙面应平整、清洁。

7.2.2 墙壁的电源线应采用暗装或套管明装，有关规定和要求参见《中华人民共和国消防法》。

7.2.3 墙壁进行布景悬挂等装饰的，应考虑墙壁的承重能力。经过特殊改造装修过的位置应有对顾客的提示性标志，如安全提示、儿童提示等。

7.3 天花板

7.3.1 天花板的设计、安装应安全、牢靠。

7.3.2 禁止在天花板上悬吊可能引发安全事故的物品。

7.4 通道、货架

7.4.1 通道应符合卖场整体动线要求，通道设置应符合国家及当地政府有关规定。

7.4.2 通道应垂直、平行、交叉布局，保持各方向畅通。

7.4.3 通道应设有明显的消防疏散标志、购物导向标志、称重台标志及商品分类标志。

7.4.4 货架应由易清洗、有韧性且环保的材料制作，并符合环保、消防和安全标准。

7.4.5 货物码放不应影响自动喷水灭火系统喷头的使用。

7.5 标志

7.5.1 商品标价签应采用符合国家物价部门规定的式样，并标有当地物价主管部门监制字样。

7.5.2 预包装食品标签应符合 GB 7718 的要求。

7.5.3 标志应清晰、明确，张贴平整，使用的标志架应干净平稳。

7.5.4 标志应做到统一，公共标志应符合国家有关规定。

8 生鲜区的基本要求

8.1 加工环境

8.1.1 畜禽产品加工应按照原料和半成品进行工作区域划分，工作台和加工器具应专管专用，避免病菌交叉污染。

8.1.2 店内生鲜区域应配有专门清洗区，工作人员使用的洗手池、器具清洗消毒池、清水池应分别配置使用。鲜食区应定期彻底清洗，保持清洁卫生。

8.1.3 店内生鲜加工区应保持地面墙面整洁，高温和有异味产生的区域应保证足够的通风，地面无积水，下水道口应定期进行消毒除臭处理。

8.1.4 加工区域墙壁应用浅色、不吸潮、不渗漏、无毒材料覆涂，并用瓷砖或其他防腐材料装修墙裙，高度不低于 1.5 m。

8.1.5 应定期对加工间进行整体彻底消毒，并保留相关记录。

8.2 卫生环境

8.2.1 在生鲜商品加工和经营过程中应坚持低温、清洁、覆盖原则，保持冷链不中断，以保证生鲜商品质量。

8.2.2 生鲜区域员工（包括供应商促销人员）应健康状况良好，持有有效健康证明上岗。

8.2.3 从事生鲜商品销售的员工应保持工服整洁，头发、手和指甲清洁，不应留长指甲。

8.2.4 熟食和面点的销售人员应戴干净的口罩和手套，不应佩戴饰品，上岗前应在专用洗手池洗手。

8.2.5 接触直接入口的食品时，手部应进行清洁、消毒，并使用经消毒的专用工具。

8.2.6 清洁工作中所使用的化学清洁用品和清洁工具应定点专项密封保管，避免污染食品、器具、工作台和工作环境。

8.2.7 生鲜区应采取有效的驱蝇、驱虫、灭鼠措施，配备足够的消杀设备（灭蝇设备和紫外线杀菌设备），并保证设备处于正常工作状态。定期进行防鼠和空气熏蒸等消杀工作。

8.3 供应商管理

8.3.1 应选择证照齐全、管理规范的专业经销商或厂家作为生鲜商品供应商。

8.3.2 应核验包装材料供应商的相关证照，确保采购和使用的生鲜食品销售包装材料达到卫生检疫标准。

8.3.3 采购和使用的食品加工辅料和添加剂应符合国家的有关标准。

8.3.4 不应经营保质期标志不清、不明或缺失的产品，以及无合格证的产品。

8.3.5 对温度有要求的商品应确定商品的温度，要求供应商送货车辆记录并存档。

8.4 陈列设备

8.4.1 应按照生鲜品的保鲜温度要求选择陈列设备进行商品陈列。

8.4.2 陈列设备应保持清洁，场地无积水和污渍，定期彻底清洗，并保留相关记录。

8.4.3 贮存生鲜区域的商品和原材辅料应配置必要的低温贮存设备，包

括冷藏库 (柜) 和冷冻库 (柜)，冷藏库 (柜) 温度为一 2℃ ~ 5℃，冷冻库 (柜) 温度低于一 18℃。

8.5　加工和卫生设备

8.5.1　加工区域的各类大型加工设备在完成一个批次的加工处理之后，应立即进行清理卫生工作，洗刷机器的外表，清除内部的残渣和污渍。

8.5.2　配备大型生鲜 (制冷和加工) 设备的，应定期进行维护保养，对设备内部进行彻底清洁。

8.5.3　店铺从事现场食品加工的，应参见《中华人民共和国食品卫生法》和食品生产卫生加工企业的有关规定，取得所在地区卫生行政部门颁发的《卫生许可证》。

8.6　称重、包装

8.6.1　称重设备应使用检定合格、未超过检定周期的计量器具。

8.6.2　包装设备 (如打包机、封口机等) 应使用有国家安全认证标志的设备。包装材料应使用对人体无害的材料。

8.6.3　食品包装应采用密封型包装袋或包装盒，散装食品售卖的有关规定和要求，参见《散装食品卫生管理规范》。

8.7　蔬果

8.7.1　销售人员应按先进先出原则进行商品陈列。必要时对水果和蔬菜进行保鲜和补水处理，延长蔬果产品的货架周期。

8.7.2　应及时捡出破损和变质商品，及时更换破损的商品包装。

8.7.3　应设有鲜榨果汁和果盘展示冰台的店铺，应保持足够的冰量，管理人员应随时检查冰台质量，及时补充冰块，并进行温度检查记录，以确保果汁和果盘的保鲜温度，加工完成后应及时在商品包装上标明生产日期。

8.8　肉、禽、蛋、奶、豆制品

8.8.1　畜禽类商品均应来源于非疫区，且证照齐全。

8.8.2　分割和加工处理过程中，工具不应重复交叉使用。蛋类商品不应与肉类商品同库贮存。

8.8.3　冷柜中散装陈列的畜禽类肉品和调理制品应经常翻动，以保持商品透气，防止肉品变色和调理制品表面干燥脱水。

8.8.4　冷柜中散装陈列的畜禽类肉品应采用托盘陈列，不应直接在冰块上陈列，避免融化的冰水降低肉品质量。

8.8.5　店内不应现场宰杀活禽。

8.9　水产品

8.9.1　应及时捡出陈列中鲜度保持不良和破损的商品，保持商品鲜度。

8.9.2　水产品销售陈列冰台应有足够的碎冰，随时检查冰墙质量，及时补充碎冰。

8.9.3　经营鲜活水产品，应保持工作区域清洁，并对案板、刀具等加工器具进行定期彻底消毒。

8.10　熟食制品

8.10.1　熟食制作和加工过程应有严格的卫生管理制度，熟食凉菜制作和蛋糕裱花应配备专用加工间。

8.10.2　散装熟食售卖的有关规定和要求参见《散装食品卫生管理规范》，散装熟食陈列应用专用陈列柜或网罩遮盖，以防来自购物环境的污染。

8.10.3　直接入口的散装食品销售应用防尘材料覆盖，设置隔离设施。

9　垃圾处理

9.1　每天产生的垃圾应在专门垃圾处理区域内定点暂放，并及时清理。

9.2　存放垃圾时，应在垃圾桶内套垃圾袋，并加盖密闭，防止招引飞虫和污染其他食品和器具。

9.3　垃圾暂存地周围应保持清洁，定期做好清洁和消毒。

9.4　不能回收利用的商品，应进行破碎处理，严禁将过期或变质生鲜商品再次包装销售。

9.5　食品加工中产生的废油，应由地方政府指定的具有回收资质的企业进行回收，并审核回收商对废料的用途。

10　库房

10.1　库房应做到商品分类贮存，有清晰的标志。

10.2 库存的商品应隔墙离地，食品与非食品分别摆放，并按保质期先进先出、生熟分开的原则存放。

10.3 库房应具有消防、防虫、防鼠设施。

10.4 冷库的货架、地面及各种商品包装箱和容器应保持清洁，不留异味，不应有异常的积水和结冰。应有专人定时检查贮存冷库(柜)温度。库存生鲜品应保留必要的间隔和回风空间。

10.5 库房中应设立专门的残损商品区域，及时清理变质商品和问题商品。

11 环保、节能、安全

11.1 应保持店内空气流通、清新，并符合 GB／T 18883 的规定。

11.2 应保持店内顾客数量，确保客流畅通，购物安全。

11.3 向消费者提供塑料购物袋应符合国家有关规定。

11.4 商品包装容器和销售的包装物应符合国家有关规定。

11.5 店内噪声控制应符合 GB 3096 的要求。

11.6 空调温度应根据当地政府相关部门的要求设定。

11.7 建筑、装饰材料应符合有关环保、节能的要求。

11.8 鼓励建立、实行符合国家相关规定的环保、节能制度和措施。

11.9 应具备相应的安全设备和管理措施，确保消防安全通道的畅通。

11.10 应配备防盗设施，保证店内商品和现金的安全。

11.11 店内应配备闭路监控系统，正常、客观记录卖场营运状况及突发事件。

11.12 店内防火设施应符合国家有关规定。

11.13 对促销活动，应当制定安全应急预案，保证良好的购物秩序，防止因促销活动造成交通拥堵、秩序混乱、疾病传播、人身伤害和财产损失。

12 设施设备

12.1 应配备电力应急设备，在出入口、紧急通道、购物主要通道装置应急灯。

12.2 购物车、冷冻冷藏柜等设备应保持清洁。

12.3 停车场车位应标志清楚，便于车辆进出。

12.4 上下水设施及污水处理设施应与经营管理规模相匹配。

12.5 店内应保持适宜的温度条件、湿度条件和通风条件，符合 JGJ 48 的规定。

12.6 超过 1000 m² 的店铺，应设有公共卫生间、广播室和公用电话设施。

12.7 配备适当的照明设施，照明标准应符合 GB 50034 的规定。

12.8 店内设置的无障碍设施应符合 JGJ 50 的规定，服务台、收银台、公用电话等设施处设有低位装置。

12.9 店内应设有顾客服务中心并公布相关投诉电话号码。

参 考 文 献

[1] GB ／ T 18106—2004《零售业态分类》。

[2]《中华人民共和国食品卫生法》，中华人民共和国主席令，第 59 号，1995 年 10 月 30 日。

[3]《中华人民共和国消防法》，中华人民共和国主席令，第 8 号，2008 年 10 月 28 日。

[4]《中华人民共和国产品质量法》，中华人民共和国主席令，第 33 号，2000 年 7 月 8 日。

[5]《散装食品卫生管理规范》，卫生部，卫法监发 [2003]180 号，2003 年 7 月 2 日。

[6]《商品零售场所塑料购物袋有偿使用管理办法》，商务部、发展改革委、工商总局令 2008 年第 8 号。

[7]《食品标识管理规定》，国家质量监督检验检疫总局，第 102 号令 2007 年 8 月 27 日。

[8]《超市食品安全操作规范》(试行)，中华人民共和国商务部，2006 年 12 月 25 日。

超市销售生鲜农产品基本要求

（GB/T 22502—2008）

1 范围

本标准规定了超市销售生鲜农产品的环境要求、基础设施设备要求、工具容器及包装材料要求、从业人员要求、供应商要求和交易技术要求。

本标准适用于经营生鲜农产品的超市。

2 规范性引用文件

下列文件中的条款通过本标准的引用而成为本标准的条款。凡是注日期的引用文件，其随后所有的修改单（不包括勘误的内容）或修订版均不适用于本标准，然而，鼓励根据本标准达成协议的各方研究是否可使用这些文件的最新版本。凡是不注日期的引用文件，其最新版本适用于本标准。

GB 8978　污水综合排放标准

GB／T 18883　室内空气质量标准

GB／T 21721　农副产品销售现场危害管理规范

3 术语和定义

下列术语和定义适用于本标准。

3.1　生鲜农产品　fresh agricultural products

通过种植、养殖、采收、捕捞等产生，未经加工或经初级加工，供人食用的新鲜农产品。包括蔬菜（包含食用菌）、水果、畜禽肉、水产品、鲜蛋等。

3.2　生鲜区域：fresh products region

超市中对生鲜农产品进行预处理、加工、陈列、销售的区域。

4 环境要求

4.1　产品分区要求

4.1.1 生鲜区域应按生鲜农产品大类和不同类别生鲜农产品的保鲜、保质要求进行分区并明确标识。

4.1.2 蔬菜、水果、畜禽肉、水产品、鲜蛋等应分区。

4.1.3 冷（冻）藏农产品和非冷（冻）藏农产品应分区。

4.1.4 有包装食品和无包装食品应分区。

4.1.5 应单独设立转基因、经认证的产品销售专区、明确标识，并在专区内按转基因、认证商品种类分区或分柜（架）陈列。

4.2 环保要求

4.2.1 地面应平整、清洁、无积水，不应有影响环境卫生的污染源。

4.2.2 墙面应采用易清洗材料，无污垢、无塔灰、无油垢、不吸潮、不渗漏。

4.2.3 天花板应无污垢、无塔灰，不滴漏。

4.2.4 空间应宽敞明亮，照度不低于 600 lx，光色不得影响产品正常色泽，照明设施应安全、卫生。

4.2.5 空气流通、清新，并应符合 GB／T 18883 的要求。

5 基础设施设备要求

5.1 加工设施设备

5.1.1 应根据经营生鲜农产品需要，配备相应的初级加工设施设备，为顾客提供分切、整理等服务。

5.1.2 加工设施设备的卫生应符合食品卫生安全的相关要求。

5.2 陈展设施设备

5.2.1 应按照生鲜农产品的保鲜、保质要求选择适宜的陈列设备。

5.2.2 生鲜农产品应配备标牌或标签，并标明品名、产地、保存方法、单位价格等。

5.2.3 应根据鲜活水产品要求配备蓄养池。

5.3 保鲜贮藏设施设备

5.3.1 生鲜区域的农产品销售应配置必要的低温贮藏设备，包括冷藏库（柜）（0℃～5℃）和冷冻库（柜）（低于 −18℃）、保鲜壁柜等。

5.3.2 冷藏水产品销售应配备冰台或冷藏柜，鼓励超市配备制冰机。

5.3.3 冷藏 (冻) 生鲜农产品运输应使用专用冷藏 (冻) 车，冷藏 (冻) 车温度应符合商品保鲜要求。

5.3.4 鼓励使用新型保鲜技术和设备。

5.4 包装设施设备

5.4.1 应根据生鲜农产品贮藏及交易的需要配备相应的包装、分拣和称量等辅助设备，并放置在顾客容易找到、方便使用的地方。

5.4.2 包装设备应使用符合相应标准的合格设备。

5.5 卫生安全设施设备

5.5.1 应配备足够的防鼠、防蚊蝇、防蟑螂等常见病媒生物的防治装置和紫外线杀菌灯。

5.5.2 应合理布置排污口，污水不能直接排入城市污水管网的应配备污水处理设施，污水排放应符合 GB 8978 的要求或当地环保部门要求。

5.5.3 应设置垃圾桶，并加盖密闭；对环保工具及设施应定期消毒。

5.5.4 应配置员工更衣间，从业人员上岗前应更换工作服、戴工作帽，工作服应定期清洗、消毒。

5.5.5 应分别配置从业人员使用的洗手池和器具清洗消毒池。

5.5.6 应配备卫生消毒间或专柜，有醒目的标识；专人管理消毒药剂、清洁剂，并正确标识，以警示其毒性和用法。

5.6 其他

设施设备应及时清洁、维护和保养，保持良好的技术状态。

6 工具容器及包装材料要求

6.1 工具容器的材料应无毒、无异味、耐腐蚀、不生锈、易清洗消毒。

6.2 生、熟产品工具容器应定期消毒；应分开使用，鼓励专品专用；应定位、分区存放、保持清洁、明确标示，避免交叉污染。

6.3 刀具应无油渍、无残渣、无锈斑，用后应及时清洗并置于专用刀架之上。

6.4 砧板应清洁、立放、干燥，以抑制微生物繁殖。

6.5 容器 (包括盆、盘、锅等) 应表面光亮，无污垢、无残渣油渍等。

6.6 生鲜农产品包装材料应符合国家或行业有关标准要求，包装材料的存放符合相关标准要求。

7 从业人员要求

7.1 应设立负责食品安全的管理部门或配备食品安全管理人员，监控本超市的食品安全状况；应配备质量安全检验、环境卫生、设施设备检修、装卸搬运、理货、消防安全管理、销售服务等方面的从业人员，相关人员应具备相应的从业资格。

7.2 从业人员应健康状况良好，定期进行身体检查，持有效健康证明上岗。

7.3 应对从业人员进行卫生管理和食品安全方面知识的宣传和培训，推行培训上岗制度。定期对从业人员进行培训和考核，并将培训和考核的情况记录、存档。

7.4 从业人员行为应符合 GB ／ T 21721 的相关要求。

8 供应商要求

8.1 应具备合法的经营资质。入市前应向超市提供合法、有效的证明文件，包括相应的营业执照副本、税务登记证、卫生许可证、生产许可证、动物防疫合格证、质量认证证书等。

8.2 应与超市签订食品安全保障协议，明确食品安全经营责任及相关事宜。

8.3 应提供上架生鲜农产品质量合格证明材料。

8.4 配送中心应设立食品检测机构，具备国家要求的相应检测能力。

8.5 进口农产品应出示出口国和国内双方的产品检验检疫证明等合法、有效的进口证明文件；在国内未进行商标注册的，进口商应对所进口的产品提供质量保证文件。

8.6 相关人员应参加超市组织的食品安全、卫生管理等相关培训。

9 交易技术要求

9.1 应进行电子结算，配备电子收银机、条码扫描器、销售点终端 (POS

机）、票据打印机、条码电子秤等设施设备。

9.2　称重设备应定期年检，保证合格，并贴有合格证明标识。

9.3　应建立生鲜农产品管理系统，实现对产品数据的实时在线查询和管理。

9.4　鼓励建立商品质量安全可追溯系统。

超市现场加工食品经营规范

（SB/T 10622—2011）

1　范围

本标准规定了零售企业在门店进行现场加工食品的过程中，经营资质、管理制度、环境条件、原辅料的采购、加工过程以及个人卫生等方面应遵循的要求。

本标准适用于超市，其他大型超市、便利店、仓储会员店等业态的零售企业可参照本标准。

2　规范性引用文件

下列文件对于本文件的应用是必不可少的。凡是注日期的引用文件，仅注日期的版本适用于本文件。凡是不注日期的引用文件，其最新版本(包括所有的修改单)适用于本文件。

GB 7718　食品安全国家标准　预包装食品标签通则

3　术语和定义

下列术语和定义适用于本文件。

3.1　加工区域　process area

在门店内，由企业专业工作人员进行现场加工的作业空间。

3.2　现场加工食品　in store food-preparation

在门店的加工区域内，对食品进行切割、腌渍、烹饪(或蒸、烤、炸、烙等)加工后，可以直接食用的食品或消费者购买后不需要清洗直接加工的食品。

包括各种熟食、面包、点心、冷菜、凉菜、切割果蔬、半成品等。

3.3　原辅料　raw supplementary materials

现场加工食品在进行加工前的全部构成材料，包括食品的初级原料、添加剂、加工辅料、包装等材料。

3.4　联营　joint-operation

企业之间、企业与事业单位之间横向经济联合的一种法律形式。分为法人型联营、合伙型联营和合同型联营。

4　企业基本要求

4.1　经营资质

4.1.1 经营现场加工食品的零售企业应符合相关法律、法规、规章和相关标准的要求，相关证照齐全有效。

4.1.2 对门店内经营现场加工食品联营专柜的管理应视同超市的内部管理。其经营行为、人员管理、卫生要求等都应达到本标准的要求。

4.2　管理机构

4.2.1 应建立完善的食品安全管理机构，对本企业的食品质量工作进行全面管理。

4.2.2 应明确法定代表人或负责人是食品安全的第一责任人，对本企业的食品安全负责。

4.2.3 食品安全管理机构应配备专职的食品安全管理人员，该人员应参加过专业技术培训并经考核合格。

4.3　管理机构职责

4.3.1 组织从业人员进行食品安全法律和食品安全知识的培训。

4.3.2 接受和配合食品安全监督机构对本企业的食品安全进行监督检查，并如实提供有关情况。

4.3.3 制定食品安全管理制度及岗位责任制度，并对执行情况进行监督检查。

4.3.4 检查食品经营过程的食品安全状况并记录，对检查中发现的不符合食品安全要求的行为及时制止并提出处理意见。

4.3.5 组织从业人员进行健康检查，督促患有有碍食品安全疾病和病症的人员调离相关岗位。

4.3.6 与保证食品安全有关的其他管理工作。

5 环境要求

5.1 加工区域环境要求

5.1.1 食品处理区应按照原料进入、原料处理、半成品加工、成品供应的流程合理布局,食品加工处理流程宜为生进熟出的单一流向,并应防止在存放、操作中产生交叉污染。

5.1.2 食品加工区域应设有与加工产品品种、数量相适应的原料贮存、整理、清洗、加工的专用场地,如粗加工间、精加工间、熟食切配间、糕点裱花间等,设备布局和工艺流程合理,不同阶段的加工制作必须在核定区域内进行,不得擅自搬离核定场所,防止交叉污染。

5.1.3 粗加工操作场所内应至少分别设置动物性食品和植物性食品的清洗水池,水产品的清洗水池宜独立设置,水池数量或容量应与加工食品的数量相适应。食品处理区内应设专用于拖把等清洁工具的清洗水池,其位置应不会污染食品及其加工操作过程。

5.1.4 食品加工区域应保持地面、墙面、天花板整洁,高温和有异味产生的区域要保证足够的通风,地面无积水,下水道口清洁无堵塞,并定期进行消毒除臭处理。

5.1.5 食品加工区域墙壁、房顶要用浅色、不吸潮、不渗漏、无毒材料覆涂。各类专间应铺设到墙顶。

5.1.6 食品加工区域的地面、食品接触面、加工用具、容器等要保持清洁,定期进行消毒。由专门人员负责配制有关加工用具、容器和人员的安全消毒液。

5.2 贮存环境要求

5.2.1 贮存食品的场所、设备应当保持清洁,定期清扫,无积尘、无食品残渣,无霉斑、鼠迹、苍蝇、蟑螂,不得存放有毒、有害物品,如:杀鼠剂、杀虫剂、洗涤剂、消毒剂等及个人生活用品。

5.2.2 食品应当分类、分架存放,距离墙壁、地面均在 10 cm 以上,并定期检查,使用应遵循先进先出的原则,变质和过期食品应及时清除。

5.2.3 食品冷藏、冷冻贮藏的温度应分别符合冷藏和冷冻的温度范围要求。食品冷藏、冷冻贮藏应做到原料、半成品、成品严格分开存放。

5.2.4 冷藏、冷冻柜库应有明显区分标志，外显式温度指示计便于对冷藏、冷冻柜库内部温度的监测。

5.2.5 食品在冷藏、冷冻柜库内贮藏时，应做到植物性食品、动物性食品和水产品分类摆放。

5.2.6 食品在冷藏、冷冻柜库内贮藏时，为确保食品中心温度达到冷藏或冷冻的温度要求，不得将食品堆积、挤压存放。

5.2.7 冷藏、冷冻柜库应由专人负责检查，定期除霜、清洁和维修，保持霜薄气足，无异味、臭味，以确保冷藏、冷冻温度达到要求并保持卫生。

6 设备设施要求

6.1 门店加工区域内应根据加工工艺的需求，配备专业的食品加工设备，加工设备材料应符合国家相关法规规定，对人体无毒、无害、无副作用。

6.2 根据加工商品和原材料的储存要求配备相应的低温、常温以及高温储存设备。

6.3 食品加工区域内的上下水设施及污水处理设施，应与经营管理规模相匹配。

6.4 超市门店内应配备足够的消杀设备，并保证设备处于正常工作状态。

6.5 现场加工食品的计量称重设备应采用符合国家标准的计量器具，由计量部门定期年检。生熟商品应分别使用指定的计量设备。

6.6 陈列商品的货架或展示柜应选用易清洗、有韧性的环保材料。陈列应设置隔离设施，有专用陈列柜或者网罩遮盖，或用防尘材料覆盖，避免食品直接受到人为或者空气的污染。

7 原辅料采购及贮存要求

7.1 采购要求

7.1.1 企业应建立供应商管理制度，包括供应商的审核制度、索证索票制度等。

7.1.2 全部原辅料应符合其质量卫生标准或卫生要求，具有一定的新鲜度，及应有的色、香、味和组织形态特征，不含有毒有害物，也不应受其污染。

7.1.3 使用的原辅料应有明确的生产日期、保质期、产地、生产批次等信息。一旦发现问题，做到原材料的可追溯。

7.1.4 盛装原辅料的包装或容器，其材质应无毒无害，不受污染，符合卫生要求。

7.1.5 重复使用的包装物或容器，其结构应便于清洗、消毒。定期检验，有污染的容器不得使用。

7.2 贮存要求

7.2.1 应具备相对独立的原辅料仓库，具备防鼠、防虫设施，并按时进行清扫、消毒、通风换气。

7.2.2 腐败、霉烂原辅料应集中到指定地点，按规定方法及时处理，防止污染食品和其他原料。

7.2.3 各种原辅料应按品种分类分批次贮存，每批原材料均有明显标志。

7.2.4 先进先出，定期检查原辅料的质量和卫生情况，及时剔出过期或不符合质量和卫生标准的原辅料。

8 生产及销售要求

8.1 生产要求

8.1.1 应按照加工工艺流程进行现场食品加工，其中对食品原辅料以及添加剂的使用应有明确的添加流程和使用比例，不得随意添加。

8.1.2 加工使用的原辅料应在保质期内，加工人员应具有感官鉴别质量和卫生的技能，原辅料在保质期内出现腐败变质或存在可能危害消费者健康的特征时，应停止加工，将原辅料视同过期食品进行处理。

8.1.3 按生产工艺的先后次序和产品特点，应将原辅料处理、半成品处理和加工、包装材料和容器的清洗、消毒、成品包装和检验、成品贮存等工序分开设置，防止前后工序相互交叉污染。

8.1.4 设备设施、工具、容器、场地等在使用前后均应彻底清洗、清毒。定期维修、检查设备时，不得污染食品。

8.2 包装要求

8.2.1 加工成品应有统一的包装。经检验合格后方可包装；包装应在良好的状态下进行，防止异物带入食品。

8.2.2 使用的包装容器和材料，应完好无损，符合国家相关卫生标准的要求。不含影响食品质量及消费者健康的有害成分，包装强度设计应足够承受保质期限内的搬运、储存而不影响食品的质量。

8.2.3 包装上的标签应按 GB 7718 的有关规定执行。禁止更改现场加工食品的生产日期和保质期。

8.2.4 设专人对食品标签标注内容进行检查，保证标签内容的完整性。

8.3 销售要求

8.4 食品的保质期应严格遵守相关卫生和质量标准的规定，上架销售的食品必须严格控制在保质期内，做到先进先出，并为消费者预留合理的存放和使用期。

8.5 超过保质期的加工成品应在门店内进行现场销毁，并进行详细记录。

8.6 针对不同食品的储存陈列要求配备相应的陈列保鲜设备，并设专人定时检查、进行记录。

8.7 加工成品在保质期内出现腐败、变质或存在可能危害消费者健康的特征时，等同于过期食品，应及时进行处理并记录。

9 从业人员要求

9.1 人员健康

9.1.1 从业人员（包括促销员）应接受健康检查，取得有效的健康证，方可入职。健康证应在企业存档备查。

9.1.2 从业人员应身体健康，一旦发现从业人员患有可能影响食品卫生的疾病应立即调离食品相关的岗位。

9.2 人员培训

9.2.1 从业人员上岗前，应先经过企业的专业卫生知识培训，方可上岗。

9.2.2 定期进行食品安全培训和考核，保存培训考核记录。

9.2.3 应定期进行安全生产培训，规范员工操作。

9.3 个人卫生

9.3.1 从业人员应特别注意个人卫生，应掌握正确的洗手方法和时间要求。

9.3.2 从业人员工作服整洁，在进行食品加工和销售过程中应正确佩戴一次性口罩、手套。

9.4 进入加工间

9.4.1 进入加工区域前，必须穿戴整洁划一的工作服、帽、靴、鞋，工作服应盖住外衣，头发不得露于帽外，并要把双手洗净。

9.4.2 直接与原料、半成品和成品接触的人员不准戴耳环、戒指、手镯、项链、手表。不准浓艳化妆、染指甲、喷洒香水进入车间。

9.4.3 手接触脏物、进厕所、吸烟、用餐后，都必须把双手洗净才能进行工作。

9.4.4 上班前不许酗酒，工作时不准吸烟、饮酒、吃食物及做其他有碍食品卫生的活动。

9.4.5 操作人员手部受到外伤，不得接触食品或原料，经过包扎治疗戴上防护手套后，方可参加不直接接触食品的工作。

9.4.6 加工区域不得带入或存放个人生活用品，如衣物、食品、烟酒、药品、化妆品等。

9.4.7 进入生产加工区域的其他人员（包括参观人员）均应遵守本规范的规定。

10 文件及制度管理要求

10.1 文件记录管理

10.1.1 编制详细的工作程序文件或作业指导书，并遵照执行；程序文件应保持清晰、易于识别，并放在从业人员能随时获取的地方，进行监督和记录。

10.1.2 实施可追溯管理，针对所有涉及产品安全性、合法性及质量的记录都应完整的保存，方便追溯过程中进行检索，包括原材料消耗、产量、加工人员、关键指标控制记录、清洁消毒、销售记录、销毁记录以及管理人员定期检查的记录等。

10.1.3 对原辅料、加工工艺、品质控制、检验、储存条件制定明确的规定，并在操作过程中有全面的操作流程记录。记录应清晰、真实，并按照法律要求的实践妥善保存，不得私自改动。

10.2 制度管理

10.2.1 协议准人制度：对一些与食品加工相关的关键性原、辅材料供商应经过相关资质审核，重点供应商要经过现场审核。

10.2.2 供应商管理制度：应当建立供应商管理档案，对于违规的供应商应单独列入企业黑名单管理记录。

10.2.3 索证索票制度：生鲜商品以及原辅材料按进货批次索要检疫证明和进货票据。

10.2.4 购销台账制度：与食品加工相关的原、辅料应建立购销台账。

10.2.5 不合格食品销毁制度：对于各种原因造成的不合格产品，应建立销毁制度，并将销毁过程的影像资料和文档记录留存备案。

参 考 文 献

[1] GB 14881—1994《食品企业通用卫生规范》

[2] GB ／ T 18106—2004《零售业态分类》

[3] GB ／ T 19001—2008《质量管理体系 要求》

[4] GB ／ T 23650—2009《超市购物环境》

[5]《散装食品卫生管理规范》卫生部，卫法检发 [2003]180 号，2003 年 7 月 2 日。

[6]《餐饮业和集体用餐配送单位卫生规范》卫生部，2005 年 6 月 27 日。

[7]《超市食品安全操作规范》商务部，2006 年 12 月 25 日。

[8]《流通领域食品安全管理办法》商务部，2007 年第 1 号，2007 年 1 月 19 日。

[9]《中华人民共和国食品安全法》中华人民共和国主席令第九号，2009 年 2 月 28 日。

危害分析与关键控制点 (HACCP) 体系
食品生产企业通用要求
（GB/T 27341—2009）

1　范围

本标准规定了食品生产企业危害分析与关键控制点 (HACCP) 体系的通用要求，使其有能力提供符合法律法规和顾客要求的安全食品。

本标准适用于食品生产(包括配餐)企业 HACCP 体系的建立、实施和评价，包括原辅料和食品包装材料采购、加工、包装、贮存、装运等。

2　规范性引用文件

下列文件中的条款通过本标准的引用而成为本标准的条款。凡是注日期的引用文件，其随后所有的修改单 (不包括勘误的内容) 或修订版均不适用于本标准，然而，鼓励根据本标准达成协议的各方研究是否可使用这些文件的最新版本。凡是不注日期的引用文件，其最新版本适用于本标准。

GB ／ T 19538　危害分析与关键控制点 (HACCP) 体系及其应用指南

GB ／ T 22000　食品安全管理体系　食品链中各类组织的要求

3　术语和定义

GB ／ T 22000、GB ／ T 19538 确立的以及下列术语和定义适用于本标准。

3.1　原辅料　raw material
构成食品组分或成分的一切预期产品、物品或物质。
注：包括在食品内含有的原料、辅料、添加剂和其他来源的所有预期物质。

3.2　潜在危害　potential hazard
如不加以预防，将有可能发生的食品安全危害。

3.3　显著危害　significant hazard
如不加以控制，将极可能发生并引起疾病或伤害的潜在危害。

注："极可能发生"和"引起疾病或伤害"表示危害具有发生的"可能性"和"严重性"。

3.4 操作限值 operation limit

为了避免监控指数偏离关键限值而制定的操作指标。

3.5 食品防护计划 food defense plan

为了保护食品供应，免于遭受生物的、化学的、物理的蓄意污染或人为破坏而制定并实施的措施。

4 企业 HACCP 体系

4.1 总要求

企业应按本标准的要求策划、建立 HACCP 体系，形成文件，加以实施、保持、更新和持续改进，并确保其有效性。企业应：

a) 策划、实施、检查和改进 HACCP 体系的过程，并提供所需的资源。

b) 确定 HACCP 体系范围，明确该范围所涉及步骤与食品链其他步骤之间的关系。

c) 确保对任何会影响食品安全要求的操作包括外包过程实施控制，并在 HACCP 体系中加以识别和验证。在验证中，产品安全与相关法规、标准的符合性应得到重点关注。

d) 确保 HACCP 体系得到有效实施，使产品安全得到有效控制。当产品安全发生系统性偏差时，应对 HACCP 计划进行重新确认，使 HACCP 体系得以持续改进。

4.2 文件要求

4.2.1 HACCP 体系文件应包括：

a) 形成文件的食品安全方针；

b)HACCP 手册；

c) 本标准所要求的形成文件的程序；

d) 企业为确保 HACCP 体系过程的有效策划、运行和控制所需的文件；

e) 本标准所要求的记录。

4.2.2 HACCP 手册

企业应编制和保持 HACCP 手册，内容至少包括：

a) HACCP 体系的范围，包括所覆盖产品或产品类别、操作步骤和场所，以及与食品链其他步骤的关系：

b) HACCP 体系程序文件或对其的引用；

c) HACCP 体系过程及其相互作用的表述。

4.2.3 文件控制

HACCP 体系所要求的文件应予以控制。

应编制形成文件的程序，以规定以下方面所需的控制：

a) 文件发布前得到批准，确保文件是充分的、适宜的和有效的；

b) 必要时对文件进行审核与更新，并再次批准；

c) 确保文件的更改和现行修订状态得到识别；

d) 确保在使用处可获得适用文件的有效版本；

e) 确保文件保持清晰、易于识别；

f) 确保与 HACCP 体系相关的外来文件得到识别，并控制其分发；

g) 防止作废文件的非预期使用，对需保留的作废文件进行适当的标识。

4.2.4 记录控制

应建立并保持记录，以提供符合要求和 HACCP 体系有效运行的证据。

应编制形成文件的程序，规定记录的标识、贮存、保护、检索、保存期限和处置所需的控制。

记录应保持清晰、易于识别和检索。

5 管理职责

5.1 管理承诺

最高管理者应通过以下活动，提供建立和实施 HACCP 体系所作承诺的证据：

a) 向企业传达满足顾客和法律法规对食品安全要求的重要性；

b) 制定食品安全方针；

c) 确保食品安全目标的制定；

d) 进行管理评审；

e) 确保资源的获得。

5.2　食品安全方针

最高管理者应以消费者食用安全为关注焦点，制定食品安全方针和食品安全目标，确保食品安全。

5.3　职责、权限与沟通

5.3.1 职责和权限

最高管理者应任命 HACCP 工作组组长并确认职责权限，同时规定企业内各部门在 HACCP 体系中所承担的职责和权限。

5.3.2 沟通

为了获得必要的食品安全信息，保证 HACCP 体系的有效性，最高管理者应确保企业建立、实施和保持所需的内部沟通，并与食品链范围内的其他供方、顾客、食品安全主管部门以及其他产生影响的相关方进行必要的外部沟通。

实施沟通的人员应接受适当培训，充分了解企业的产品、相关危害和 HACCP 体系，并经授权。

应保持沟通的记录。

5.4　内部审核

企业应按策划的时间间隔进行内部审核，以确定 HACCP 体系是否符合要求，并得到有效实施、保持和更新。

考虑拟审核的过程和区域的状况和重要性以及以往审核的结果，应对审核方案进行策划，以规定审核的准确性、范围、频次和方法。

内部审核员的选择和审核的实施应确保审核过程的客观性和公正性，内部审核员不应审核自己的工作。

负责受审区域的管理者应确保及时采取措施，以消除所发现的不符合项及其原因。跟踪活动应包括对所采取措施的验证和验证结果的报告。

应编制形成文件的内部审核程序，规定策划和实施审核、报告结果和保持记录。

5.5 管理评审

最高管理者应按策划的时间间隔评审 HACCP 体系，以确保其持续的适宜性、充分性和有效性；评审应包括 HACCP 体系改进和更新的需要；应保持管理评审的记录。

6 前提计划

6.1 总则

企业应建立、实施、验证、保持并在必要时更新或改进前提计划，以持续满足 HACCP 体系所需的卫生条件；前提计划应包括人力资源保障计划、企业良好生产规范 (GMP)、卫生标准操作程序 (SSOP)、原辅料和直接接触食品的包装材料安全卫生保障制度、召回与追溯体系、设备设施维修保养计划、应急预案等。企业前提计划应经批准并保持记录。

6.2 人力资源保障计划

企业应制定并实施人力资源保障计划，确保从事食品安全工作的人员能够胜任。

计划应满足以下要求：

a) 对这些管理者和员工提供持续的 HACCP 体系、相关专业技术知识及操作技能和法律法规等方面的培训，或采取其他措施，确保各级管理者和员工所必要的能力；

b) 评价所提供培训或采取其他措施的有效性；

c) 保持人员的教育、培训、技能和经验的适当记录。

6.3 良好生产规范 (GMP)

企业应按照食品法规规定和相应卫生规范要求建立并实施企业的 GMP。

6.4 卫生标准操作程序 (SSOP)

企业在制定并实施 SSOP 时，应至少满足以下方面的要求：

a) 接触食品 (包括原料、半成品、成品) 或与食品有接触的物品的水和冰应当符合安全、卫生要求；

b) 接触食品的器具、手套和内外包装材料等应清洁、卫生和安全；

c) 确保食品免受交叉污染；

d) 保证操作人员手的清洗消毒，保持洗手间设施的清洁；

e) 防止润滑剂、燃料、清洗消毒用品、冷凝水及其他化学、物理和生物等污染物对食品造成安全危害；

f) 正确标注、存放和使用各类有毒化学物质；

g) 保证与食品接触的员工的身体健康和卫生；

h) 清除和预防鼠害、虫害。

应保存 SSOP 的相关记录。

6.5　原辅料、食品包装材料安全卫生保障制度

企业应防止原辅料、食品包装材料中存在食品安全危害，制定、实施其安全卫生保障制度，至少满足以下方面的要求：

a) 制定原辅料、食品包装材料供方相应的有效资格条件并确定供方名单；

b) 评估原辅料、食品包装材料供方保障提供产品安全卫生的能力，必要时，对供方的食品安全管理体系进行文件审核或对供方进行现场审核；

c) 制定原辅料、食品包装材料验收要求和程序，包括核对原辅料、食品包装材料的检验检疫、卫生合格证明，原辅料、食品包装材料的追溯标识；必要时，对原辅料、食品包装材料的安全卫生指标实施有针对性的检验、验证；

d) 必要时制定食品添加剂的控制措施；

e) 制定供方的评价制度，包括不合格供方的淘汰制度。

6.6　维护保养计划

企业应制定并实施厂区、厂房、设施、设备等的维护保养计划，使之保持良好状态，并防止对产品的污染。

6.7　标识和追溯计划、产品召回计划

6.7.1 标识和追溯计划

企业应确保具备识别产品及其状态的追溯能力，并应制定实施产品标识和可追溯性计划，至少满足以下方面的要求：

a) 在食品生产全过程中，使用适宜的方法识别产品并具有可追溯性；

b) 针对监控和验证要求，标识产品的状态；

c) 保持产品发运记录，包括所有分销方、零售商、顾客或消费者。

6.7.2 产品召回计划

企业应制定产品召回计划，确保受安全危害影响的放行产品得以全部召回。该计划应至少包括以下方面的要求：

a) 确定启动和实施产品召回计划人员的职责和权限；

b) 确定产品召回行动需符合的相关法律、法规和其他相关要求；

c) 制定并实施受安全危害影响产品的召回措施；

d) 制定对召回的产品进行分析和处置的措施；

e) 定期演练并验证其有效性。

应保持产品召回计划实施记录。

6.8　应急预案

企业应识别、确定潜在的食品安全事故或紧急情况，预先制定应对的方案和措施，必要时做出响应，以减少食品可能发生安全危害的影响。

必要时，特别在事故或紧急情况发生后，企业应对应急预案予以审核和改进。

应保持应急预案实施记录。定期演练并验证其有效性。

注：紧急情况包括使企业的产品受到不可抗力因素影响的情况，如自然灾害、突发疫情、生物恐怖等。

7　HACCP 计划的建立和实施

7.1　总则

HACCP 小组应根据以下七个原理的要求制定并组织实施食品的 HACCP 计划，系统控制显著危害，确保将这些危害防止、消除或降低到可接受水平，以保证食品安全。

a) 进行危害分析和制定控制措施；

b) 确定关键控制点；

c) 确定关键限值；

d) 建立关键控制点的监控系统；

e) 建立纠偏措施；

f) 建立验证程序；

g) 建立文件和记录保持系统。

任何影响 HACCP 计划有效性因素的变化，如产品配方、工艺、加工条件的改变等都可能影响 HACCP 计划的改变，要对 HACCP 计划进行确认、验证，必要时进行更新。

7.2 预备步骤

7.2.1HACCP 小组的组成

企业 HACCP 小组人员的能力应满足本企业食品生产专业技术要求，并由不同部门的人员组成，应包括卫生质量控制、产品研发、生产工艺技术、设备设施管理、原辅料采购、销售、仓储及运输部门的人员，必要时，可请外部专家参与。

小组成员应具有与企业的产品、过程、所涉及危害相关的专业技术知识和经验，并经过适当培训。

最高管理者应指定一名 HACCP 小组组长，并应赋予以下方面的职责和权限：

a) 确保 HACCP 体系所需的过程得到建立、实施和保持；

b) 向最高管理者报告 HACCP 体系的有效性、适宜性以及任何更新或改进的需求；

c) 领导和组织 HACCP 小组的工作，并通过教育、培训、实践等方式确保 HACCP 小组成员在专业知识、技能和经验方面得到持续提高。

应保持 HACCP 小组成员的学历、经历、培训、批准以及活动的记录。

7.2.2 产品描述

HACCP 小组应针对产品，识别并确定进行危害分析所需的下列适用信息：

a) 原辅料、食品包装材料的名称、类别、成分及其生物、化学和物理特性；

b) 原辅料、食品包装材料的来源，以及生产、包装、储藏、运输和交付方式；

c) 原辅料、食品包装材料接收要求、接收方式和使用方式；

d) 产品的名称、类别、成分及其生物、化学、物理特性；

e) 产品的加工方式；

f) 产品的包装、储藏、运输和交付方式；

g) 产品的销售方式和标识；

h) 其他必要的信息。

应保持产品描述的记录。

7.2.3 预期用途的确定

HACCP 小组应在产品描述的基础上，识别并确定进行危害分析所需的下列适用信息：

a) 顾客对产品的消费或使用期望；

b) 产品的预期用途和储藏条件，以及保质期；

c) 产品预期的食用或使用方式；

d) 产品预期的顾客对象；

e) 直接消费产品对易受伤害群体的适用性；

f) 产品非预期 (但极可能出现) 的食用或使用方式；

g) 其他必要的信息。

应保持产品预期用途的记录。

7.2.4 流程图的制定

HACCP 小组应在企业产品生产的范围内，根据产品的操作要求描绘产品的工艺流程图，此图应包括：

a) 每个步骤及其相应操作；

b) 这些步骤之间的顺序和相互关系；

c) 返工点和循环点 (适宜时)；

d) 外部的过程和外包的内容；

e) 原料、辅料和中间产品的投入点；

f) 废弃物的排放点。

流程图的制定应完整、准确、清晰。

每个加工步骤的操作要求和工艺参数应在工艺描述中列出。适用时，应提供工厂位置图、厂区平面图、车间平面图、人流物流图、供排水网络图、防虫害分布图等。

7.2.5 流程图的确认

应由熟悉操作工艺的 HACCP 小组人员对所有操作步骤在操作状态下进行现场核查，确认并证实与所制定流程图是否一致，并在必要时进行修改。

应保持经确认的流程图。

7.3 危害分析和制定控制措施

7.3.1 危害识别

HACCP 小组根据食品风险程度，在加工步骤中分析生物、化学、物理危害时，应考虑以下方面的因素：

a) 产品、操作和环境；

b) 消费者或顾客和法律法规对产品及原辅料、食品包装材料的安全卫生要求；

c) 产品食用、使用安全的监控和评价结果；

d) 不安全产品处置、纠偏、召回和应急预案的状况；

e) 历史上和当前的流行病学、动植物疫情或疾病统计数据和食品安全事故案例；

f) 科技文献，包括相关类别产品的危害控制指南；

g) 危害识别范围内的其他步骤对产品产生的影响；

h) 人为的破坏和蓄意污染等情况；

i) 经验。

在从原料生产直到最终消费的范围内，针对需考虑的所有危害，识别其在每个操作步骤中有根据预期被引入、产生或增长的所有潜在危害及其原因。

当影响危害识别结果的任何因素发生变化时，HACCP 小组应重新进行危害识别。

应保持危害识别依据和结果的记录。

7.3.2 危害评估

HACCP 小组应针对识别的潜在危害，评估其发生的严重性和可能性，如果这种潜在危害在该步骤极可能发生且后果严重，则应确定为显著危害。应保持危害评估依据和结果的记录。

7.3.3 控制措施的制定

HACCP 小组应针对每种显著危害，制定相应的控制措施，并提供证实其有效性的证据；应明确显著危害与控制措施之间的对应关系，并考虑一项控制措施控制多种显著危害或多项控制措施控制一种显著危害的情况。

针对人为的破坏或蓄意污染等造成的显著危害，应建立食品防护计划作为控制措施。

当这些措施涉及操作的改变时，应做出相应的变更，并修改流程图。

在现有技术条件下，某种显著危害不能制定有效控制措施时，企业应策划和实施必要的技术改造，必要时，应变更加工工艺、产品（包括原辅料）或预期用途，直至建立有效的控制措施。

应对所制定的控制措施予以确认。

当控制措施有效性受到影响时，应评价、更新或改进控制措施，并再确认。

应保持控制措施的制定依据和控制措施文件。

7.3.4 危害分析工作单

HACCP 小组应根据工艺流程、危害识别、危害评估、控制措施等结果提供形成文件的危害分析工作单，包括加工步骤、考虑的潜在危害、显著危害判断的依据、控制措施，并明确各因素之间的相互关系。

在危害分析工作单中，应描述控制措施与相应显著危害的关系，为确定关键控制点提供依据。

HACCP 小组应在危害分析结果受到任何因素影响时，对危害分析工作单做出必要的更新或修订。

应保持形成文件的危害分析工作单。

7.4 关键控制点 (CCP) 的确定

HACCP 小组应根据危害分析所提供的显著危害与控制措施之间的关系，

识别针对每种显著危害控制的适当步骤，以确定 CCP，确保所有显著危害得到有效控制。

企业应使用适宜方法来确定 CCP，如判断树表 (参见附录 A) 法等。但在使用 CCP 判断树表时，应考虑以下因素：

a) 判断树表仅是有助于确定 CCP 的工具，而不能代替专业知识；

b) 判断树表在危害分析后和显著危害被确定的步骤使用；

c) 随后的加工步骤对控制危害可能更有效，可能是更应该选择的 CCP；

d) 工中一个以上的步骤可以控制一种危害。

当显著危害或控制措施发生变化时，HACCP 小组应重新进行危害分析，判定 CCP。

应保持 CCP 确定的依据和文件。如分析出以标准作业程序 (SOP) 进行控制可以等同于 CCP 控制的情况，要保持 SOP 确定的依据、参数和文件。

7.5　关键限值 (critical limit) 的确定

HACCP 小组应为每个 CCP 建立关键限值。一个 CCP 可以有一个或一个以上的关键限值。

关键限值的设立应科学、直观、易于监测，确保产品的安全危害得到有效控制，而不超过可接受水平。

基于感知的关键限值，应由经评估且能够胜任的人员进行监控、判定。

为了防止或减少偏离关键限值，HACCP 小组宜建立 CCP 的操作限值。

应保持关键限值确定依据和结果的记录。

注：关键限值可以是时间、速率、温度、湿度、水分含量、水活度、pH、盐分含量等。

7.6　CCP 的监控

企业应针对每个 CCP 制定并实施有效的监控措施，保证 CCP 处于受控状态；监控措施包括监控对象、监控方法、监控频率、监控人员。

监控对象应包括每个 CCP 所涉及的关键限值；监控方法应准确、及时；监控频率一般应实施连续监控，若采用非连续监控时，其频次应能保证 CCP 受控的需要；监控人员应接受适当的培训，理解监控的目的和重要性，熟悉监控操作并及时准确地记录和报告监控结果。

当监控表明偏离操作限值时，监控人员应及时采取纠偏，以防止关键限值的偏离。

当监控表明偏离关键限值时，监控人员应立即停止该操作步骤的运行，并及时采取纠偏措施。

应保持监控记录。

7.7 建立关键限值偏离时的纠偏措施

企业应针对 CCP 的每个关键限值的偏离预先制定纠偏措施，以便在偏离时实施。

纠偏措施应包括实施纠偏措施和负责受影响产品放行的人员；偏离原因的识别和消除；受影响产品的隔离、评估和处理。

在评估受影响产品时，可进行生物、化学或物理特性的测量或检验，若核查结果表明危害处于可接受指标之内，可放行产品至后续操作；否则，应返工、降级、改变用途、废弃等。

纠偏人员应熟悉产品、HACCP 计划，经过适当培训并经授权。

当某个关键限值的监视结果反复发生偏离或偏离原因涉及相应控制措施的控制能力时，HACCP 小组应重新评估相关控制措施的有效性和适宜性，必要时对其予以改进并更新。

应保持纠偏记录。

7.8 HACCP 计划的确认和验证

企业应建立并实施对 HACCP 计划的确认和验证程序，以证实 HACCP 计划的完整性、适宜性、有效性。

确认程序应包括对 HACCP 计划所有要素有效性的证实。确认应在 HACCP 计划实施前或变更后。

验证程序应包括：验证的依据和方法、验证的频次、验证的人员、验证的内容、验证结果及采取的措施、验证记录等。

监控设备校准记录的审核，必要时，应通过有资格的检验机构，对所需的控制设备和方法进行技术验证，并提供形成文件的技术验证报告。

验证的结果需要输入到管理评审中，以确保这些重要数据资源能被适当考虑并对整个 HACCP 体系持续改进起作用；当验证结果不符合要求时，应采取纠正措施并进行再验证。

7.9　HACCP 计划记录的保持

应保持 HACCP 计划制定、运行、验证等记录。

HACCP 计划记录的控制应与体系记录的控制一致。

HACCP 计划记录应包括相关信息。验证记录应至少包括的信息有：

a) 产品描述记录：企业名称和地址、加工类别、产品类型、产品名称、产品配料、产品特性、预期用途和顾客对象、食用 (使用) 方法、包装类型、贮存条件和保质期、标签说明、销售和运输要求等。

b) 监控记录：企业名称和地址、产品名称、加工日期、操作步骤、CCP、显著危害、关键限值 (操作限值)、控制措施、监控方法、监控频率、实际测量或观察结果、监控人员签名和监控日期、监控记录审核签名和日期等。

c) 纠偏记录：企业名称和地址、产品名称、加工日期、偏离的描述和原因、采取的纠偏措施及结果、受影响产品的批次和隔离位置、受影响产品的评估方法和结果、受影响产品的最终处置、纠偏人员签名和纠偏日期、纠偏记录审核签名和日期等。

d) 应保持 HACCP 计划应有的记录。例如，应保持验证活动记录的主要记录有：HACCP 计划修改记录、半成品成品定期检测记录、CCP 监控审核记录、CCP 纠偏审核记录、CCP 现场验证记录等。

附录 A
（资料性附录）
确定 CCPs 的判断树

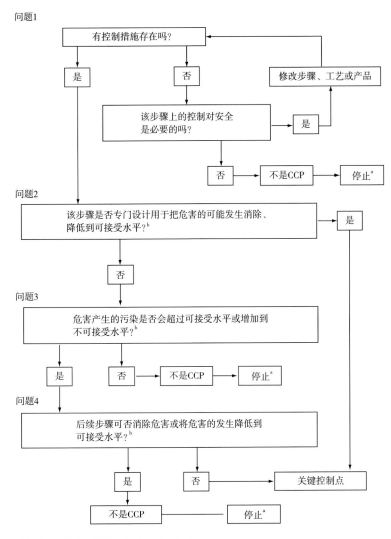

a 按描述的过程进行至下一个危害。

b 在识别 HACCP 计划中的关键控制点时，需要在总体目标范围内对可接受水平和不可接受水平作出规定。

图 A.1　确定 CCPs 的判断树

图书在版编目（CIP）数据

超市食品安全基础管理操作指南及培训教材／宁波市市场监督管理局编著．—北京：中国法制出版社，2021.11

ISBN 978 - 7 - 5216 - 1636 - 1

Ⅰ.①超… Ⅱ.①宁… Ⅲ.①超市 - 食品安全 - 安全管理 - 技术培训 - 教材 Ⅳ.①TS201.6

中国版本图书馆 CIP 数据核字（2021）第 220718 号

责任编辑　谢雯　　　　　　　　　　　　　　封面设计　杨泽江

超市食品安全基础管理操作指南及培训教材

CHAOSHI SHIPIN ANQUAN JICHU GUANLI CAOZUO ZHINAN JI PEIXUN JIAOCAI

编著／宁波市市场监督管理局

经销／新华书店

印刷／煤炭工业出版社印刷厂

开本／730 毫米×1030 毫米　16 开　　　　　　印张／18.75　字数／158 千

版次／2021 年 11 月第 1 版　　　　　　　　　　2021 年 11 月第 1 次印刷

中国法制出版社出版

书号 ISBN 978 - 7 - 5216 - 1636 - 1　　　　　　　　　　　　定价：99.00 元

北京市西城区西便门西里甲 16 号西便门办公区

邮政编码：100053　　　　　　　　　　　　　　传真：010 - 63141852

网址：http：//www.zgfzs.com　　　　　　　　编辑部电话：010 - 63141792

市场营销部电话：010 - 63141612　　　　　　　印务部电话：010 - 63141606

（如有印装质量问题，请与本社印务部联系。）